长江经济带生态保护与绿色发展研究丛书

熊文 总主编

闯出绿色发展新路子

主编 杨倩

副主编 彭贤则 姚祖军

云南篇

长江出版社
CHANGJIANG PRESS

图书在版编目（CIP）数据

长江经济带生态保护与绿色发展研究丛书．云南篇：闯出绿色发展新路子 /
熊文总主编 ； 杨倩主编 ； 彭贤则，姚祖军副主编 .
—武汉 ： 长江出版社，2022.10
ISBN 978-7-5492-5120-9

Ⅰ．①长… Ⅱ．①熊… ②杨… ③彭… ④姚… Ⅲ．①长江经济带－生态环境保护－研究
②长江经济带－绿色经济－经济发展－研究③生态环境建设－研究－云南
④绿色经济－区域经济发展－研究－云南 Ⅳ．① X321.25 ② F127.5

中国版本图书馆 CIP 数据核字 (2022) 第 200185 号

长江经济带生态保护与绿色发展研究丛书．云南篇 ： 闯出绿色发展新路子
CHANGJIANGJINGJIDAISHENGTAIBAOHUYULÜSEFAZHANYANJIUCONGSHU
YUNNANPIAN ： CHUANGCHULÜSEFAZHANXINLUZI
总主编 熊文 　本书主编 杨倩 　副主编 彭贤则 姚祖军

责任编辑： 张琼
装帧设计： 刘斯佳
出版发行： 长江出版社
地　　址： 武汉市江岸区解放大道 1863 号
邮　　编： 430010
网　　址： http://www.cjpress.com.cn
电　　话： 027-82926557（总编室）
　　　　　 027-82926806（市场营销部）
经　　销： 各地新华书店
印　　刷： 武汉市首壹印务有限公司
规　　格： 787mm×1092mm
开　　本： 16
印　　张： 13.25
彩　　页： 8
字　　数： 206 千字
版　　次： 2022 年 10 月第 1 版
印　　次： 2022 年 10 月第 1 次
书　　号： ISBN 978-7-5492-5120-9
定　　价： 68.00 元

前　言

在中国版图上，有这样一片区域，形似巨龙，日夜奔腾，浩浩荡荡，这就是中国第一大河，也是世界第三长河——长江。

长江全长6300余km，滋养了古老的中华文明；流域面积达180万km²，哺育着超1/3的中国人口；两岸风光旖旎，江山如画；历史遗迹绵延千年，熠熠生辉。长江是中华民族的自豪，更是中华民族生生不息的象征。

不仅如此，长江以水为纽带，承东启西、接南济北、通江达海，一条黄金水道，串联起沿江11个省（直辖市），支撑起全国超40%的经济总量，是中国经济社会发展的大动脉。

一直以来，习近平总书记深深牵挂着长江，竭力谋划着让长江永葆生机活力的发展之道。

2016年1月5日，重庆，在推动长江经济带发展座谈会上，习近平总书记发出长江大保护的最强音："当前和今后相当长一个时期，要把修复长江生态环境摆在压倒性位置，共抓大保护、不搞大开发。"从巴山蜀水到江南水乡，生态优先、绿色发展的理念生根发芽。

2018年4月26日，武汉，在深入推动长江经济带发展座谈会上，习近平总书记强调正确把握"五大关系"，以"钉钉子"精神做好生态修复、环境保护、绿色发展"三篇文章"，推动长江经济带科学发展、有序发展、高质量发展，引领全国高质量发展，擘画出新时代中国发展新坐标。

2020年11月14日，南京，在全面推动长江经济带发展座谈会上，习近平总书记指出，要坚定不移地贯彻新发展理念，推动长江经济带高质量发展，谱写生态优先绿色发展新篇章，打造区域协调发展新样板，构筑高水平对外开放新高地，塑造创新驱动发展新优势，绘就山水人城和谐相融新画卷，使长江经济带成为我国生态优先绿色发展主战场、畅通国内国际双循环主动脉、引领经济高质量发展主力军。

伴随着党中央的强力号召，长江经济带的发展从"推动""深入推动"走向"全面推动"，沿长江11省（直辖市）密集出台了一系列推动经济发展的新政策、新举措。短短几年，一个引领中国经济高质量发展的生力军正在崛起。

可是，与长江经济带蓬勃发展形成鲜明反差的是，全面系统研究长江经济带生态保护与绿色发展的专著却鲜见。为推动长江经济带绿色崛起，我们萌生了编纂"长江经济带生态保护与绿色发展研究"系列丛书的想法。通过该系列丛书的梳理，我们希望完成三个"任务"：

第一，系统梳理、深度展现在长江经济带发展大战略中，沿江11省（直辖市）在新时代绿色崛起中发挥的作用和取得的成绩，总结各省（直辖市）经济发展中的经验和启示，充分发挥领先城市经济发展的示范引领作用，为整个经济带的全面发展提供借鉴。

第二，认真总结、深刻剖析在长江经济带发展过程中，沿江11省（直辖市）经济发展存在的问题，系统梳理长江经济带绿色绩效评价体系，期待为破解长江经济带经济发展的资源环境约束难题、探寻长江经济带绿色经济绩效的提升路径、增强长江经济带发展统筹度和整体性、协调性、可持续性提供全新视角。

第三，有针对性地提出长江经济带未来发展的政策建议和战略对策，助力长江经济带形成生态更优美、交通更顺畅、经济更协调、市场更统一、机制更科学的黄金经济带，为中国经济统筹发展提供新的支撑。

这是我们第一次系统梳理长江经济带的发展，也是我们第一次完整地总结长江沿江11省（直辖市）的发展脉络。

我们欣喜地看到，伴随着三次推动长江经济带发展座谈会的召开，长江沿线11省（直辖市）均有针对性地出台了各省（直辖市）长江经济带发展的具体措施和规划。上海提出，要举全市之力坚定不移推进崇明世界级生态岛建设，努力把崇明岛打造成长三角城市群和长江经济带生态环境大保护的重要标志。湖北强调，要正确把握"五大关系"，用好长江经济带发展"辩证法"，做好生态修复、环境保护、绿色发展"三篇大文章"。地处长江上游的重庆表示，要强化"上游意识"，担起"上游责任"，体现"上游水平"，将重庆打造成内陆开放高地和山清水秀美丽之地。诸如此类，沿江各省都努力争当推动长江经济带高质量发展的排头兵。

我们也欣喜地看到，《长江上游地区省际协商合作机制实施细则》《长三角地区一体化发展三年行动计划（2018—2020年）》等覆盖全域的长江经济带省际协商合作机制逐步建立，共抓大保护的合力正在形成。

我们更欣喜地看到，在以城市群为依托的区域发展战略指引下，在长江三角洲城市群、长江中游城市群、成渝城市群、黔中城市群、滇中城市群等区域城市群的强力带动辐射影响之下，一批城市正迅速崛起。在党中央和沿江各省（直辖市）共同努力下，长江经济带正释放出前所未有的巨大经济活力。虽成效显著，但挑战犹存。在该系列丛书的梳理中，我们也发现了长江经济带发展过程中存在的问题：生态环境保护的形势依然严峻、生态环境压力正持续加大、绿色产业转型压力依旧巨大。为此，我们寻找了德国莱茵河治理、澳大利亚猎人河排污权交易、美国饮用水水源保护区生态补偿、美国"双岸"经济带的产业合作等多个国外绿色发展案例，希望为国内长江经济带城市绿色发展提供借鉴。

编　者

长江黄金水道

前 言

本书为《长江经济带生态保护与绿色发展研究丛书》之云南篇分册，由湖北工业大学流域生态文明研究中心杨倩担任主编，彭贤则、姚祖军担任副主编。本册共分七章：第一章梳理了云南省绿色发展区域优势、发展基础、发展实践与政策体系，明确了云南省在长江经济带绿色发展中的战略定位。第二章全面分析了云南省经济社会发展概况、生态环境保护现状及绿色发展状况，全面展示了云南省在绿色发展中取得的成果。第三章从主体功能区规划空间管控、生态保护红线和"三线一单"管控等三个方面剖析了云南省绿色发展存在的生态环境约束。第四章系统分析了云南省在绿色发展中特色与典范，从生产政策、生活政策和生态政策等三个方面展现了云南作为。第五章针对云南省国家绿色经济试验示范区、"两山理论"实践创新基地、国家农业绿色发展先行区及国家生态文明建设示范区等典型区域绿色发展规划进行了分析研究。第六章对云南省绿色发展评价关键指标进行了解读，对云南省绿色发展进行了绩效评价。第七章提出了云南省绿色发展实施路径与对策。

本书在撰写过程中，湖北工业大学长江经济带大保护研究中心、经济与管理学院、流域生态文明研究中心等单位领导精心组织编撰，同时长江经济带高质量发展智库联盟、湖北省长江水生态保护研究院、水环境污染监测先进技术与装备国家工程研究中心、河湖生态修复及藻类利用湖北省重点实验室、长江水资源保护科学研究所、江苏河海环境科学研究院有限公司、无锡德林海环保科技股份有限公司等单位相关专家大力指导与帮助，长江出版社高水平编辑团队为本书出版付出了辛勤劳动，在此一并致谢。

由于水平有限和时间仓促，书中缺点、错误在所难免，敬请专家和读者批评指正。

编　者

目 录

第一章　云南省在长江经济带绿色发展中的战略定位

云南是国家重要的生态安全屏障，全省林地面积达 4.24 亿亩，森林蓄积率 20.20 亿立方米，森林覆盖率 65.0%。把云南的"绿水青山化作金山银山"不仅要靠科学的发展思路和切实可行的办法，更需要创新谋变的实践和绿色发展成共识。

云南地处长江上游，既是长江经济带发展的重要的绿色支撑，又是中国西南门户，是"一带一路"建设重要支点，作为两大战略的交汇点，在实施长江经济带发展战略中具有独特地位，承担着重要使命。作为长江上游重要的生态安全屏障，云南省委、省政府旗帜鲜明地专注于将云南长江经济带建成"水清地绿天蓝"的绿色生态廊道，共抓大保护、不搞大开发，走生态优先、绿色发展之路。

第一节　云南省绿色发展区域优势

一、沿边开放的区位优势

云南地处中国经济圈、东南亚经济圈和南亚经济圈的接合部，是中国连接南亚、东南亚的国际大通道和面向印度洋周边经济圈的关键枢纽，拥有面向三亚（南亚、东南亚、西亚）、紧靠两湾（东南方向的北部湾、西南方向的孟加拉湾）、肩挑两洋（太平洋、印度洋）通江达海沿边的独特区位。历史上，云南作为古代南方丝绸之路的重要组成部分，是我国连接东南亚南亚西亚乃至欧洲最古老的国际商业贸易通道之一。云南是我国重要的物资运输国际大通道。

全省国境线长 4060 千米，其中，中缅边界 1997 千米，中老边界 710 千米，中越边界 1353 千米，目前初步形成通往东南亚、南亚国家的西中东三条便捷的国际大通道，拥有国家一类口岸 16 个、二类口岸 7 个，国家级开放开放试验区 2 个（瑞丽和勐腊）、跨境经济合作区 1 个、边境经济合作区 4 个和各类沿边产业园区多个，具有明显的开放优势。习近平总书记考察云南时就曾明确指出，"云南经济要发展，优势在区位，出路在开放"，这不仅明确了云南发展的独特区位优势，也指明了当前和今后一个时期云南的发展方向和工作重点。随着国家"一带一路"倡议和建设长江经济带、孟中印缅经济走廊、中国—中南半岛国际经济走廊等深入实施，云南形成北上可连接丝绸之路经济带、南下可连接海上丝绸之路、东向可连接长江经济带和泛珠经济圈、西向可通达孟中印缅经济走廊的独特区位优势，逐渐从边缘地区和末梢变为开放前沿和面向南亚东南亚辐射中心，其未来发展空间广，潜力巨大，发展前景看好。

当前，云南省政府认真贯彻习近平总书记考察云南重要讲话精神，按照努力把云南建成为我国面向南亚东南亚辐射中心的要求，以及在实施"一带一路"倡议和长江经济带建设的推动下，充分利用自身区位优势，进一步扩大开放，积极联通中国与东南亚、南亚、东亚三大市场，努力与各邻近国家建立互利、共赢合作关系，深入构建云南全方位开放新格局，以便更深程度地融入世界经济体系。

二、包罗万象的资源优势

2015 年 1 月，习近平总书记在考察云南时多次提到云南的资源优势。资源优势是云南最具发展实力的优势之一，是云南的宝贵财富，也是全国的宝贵财富。从气候、植物到矿产、水电、生物、旅游等资源方面均有着突出的优势，素有"有色金属王国""动植物王国"之美誉。

（一）气候资源多样

云南气候基本属于亚热带高原季风型，立体气候特点显著，类型众多，年温差小、日温差大，干湿季节分明，气温随地势高低垂直变化异常明显。滇西北属寒带型气候，长冬无夏，春秋较短；滇东、滇中属温带型气候，四季如春，遇雨成冬；滇南、滇西南属低热河谷区，有一部分在北回归线以南，进入热带范围，长夏无冬，一雨成秋。在一个省区内，同时具有寒、温、热（包括亚热带）三带气候，一般海拔高度每上升 100 米，温度平均递降 0.6℃ ~ 0.7℃，有"一山分四季，十里不同天"之说，景象别具特色。

气候的多样性不仅奠定了云南动植物王国的基础，也对发展高原特色农业、旅游业有着积极的意义。

（二）自然资源丰富

首先，植物资源方面，云南是全国植物种类最多的省份，被誉为"植物王国"。热带、亚热带、温带、寒温带等植物类型都有分布，古老的、衍生的、外来的植物种类和类群很多。在全国近 3 万种高等植物中，云南占 60% 以上，分别列入国家一、二、三级重点保护和发展的树种有 150 余种。《云南省生物物种名录（2016 版）》共收录云南省的物种 25434 个。其次，动物资源方面，云南动物种类数为全国之冠，素有"动物王国"之称。脊椎动物达 1737 种，占全国 58.9%。其中，鸟类 793 种，占 63.7%；兽类 300 种，占 51.1%；鱼类 366 种，占 45.7%；爬行类 143 种，占 37.6%；两栖类 102 种，占 46.4%；全国见于名录的 2.5 万种昆虫类中云南有 1 万余种。云南珍稀保护动物较多，许多动物在国内仅分布在云南。拥有蜂猴、滇金丝猴、野象、野牛、长臂猿、印支虎、犀鸟、白尾梢虹雉等 46 种国家一类保护动物；熊猴、猕猴、灰叶猴、穿山甲、麝、小熊猫、绿孔雀、蟒蛇等 154 种国家二类保护动物；此外还有大量小型珍稀动物种类。另外，矿产资源方面，云南地质现象种类繁多，成矿条件优越，矿产资源极为丰富，尤以有色金属及磷矿著称，被誉为"有色金属王国"，是得天独厚的矿产资源宝地。云南矿产资源的特点，一是矿种全，现已发现的矿产有 143 种，已探明储量的有 86 种；二是分布广，金属矿遍及 108 个县（市），煤矿在 116 个县（市）均有发现，其他非金属矿产各县都有；三是共生、伴生矿多，利用价值高，全省共生、伴生矿床约占矿床总量的 31%。云南有 61 个矿种的保有储量居全国前十位，其中，铅、锌、锡、磷、铜、银等 25 种矿产含量分别居全国前三位。

丰富的自然资源为区域的生物种类多样性、基因多样性、生态系统多样性夯实了基础，也为区域人民的富足生活、生产提供了基础保障和未来巨大的发展空间。

（三）旅游资源品位高

云南以独特的高原风光，热带、亚热带的边疆风物和多彩多姿的民族风情而闻名于海内外。旅游资源十分丰富，已经建成了一批以高山峡谷、现代冰川、高原湖泊、石林、喀斯特洞穴、火山地热、原始森林、花卉、文物古迹、传统园林及少数民族风情等为特色的旅游景区。全省有景区、景点 200 余个，国家级 A 级以上景区有 134 个，其中列为国家级风景名胜区的有石林、大理、西双版纳、三江并流、昆明滇池、丽江玉龙雪山、腾冲地热火山、瑞丽江—大盈江、宜良九乡、建水等 12 处，列为省级风景名胜区的有陆良彩色沙林、禄劝轿子雪山等 53 处。有昆明、大理、丽江、建水、巍山 5 座国家级历史文化名城，有腾冲、威信、保山、会泽、石屏、广南、漾濞、孟连、香格里拉、剑川、通海 11 座省级历史文化名城，有禄丰县黑井镇、会泽县娜姑镇白雾街村、剑川县沙溪镇、腾冲县和顺镇、云龙县诺邓镇诺邓村、石屏县郑营村、巍山县永建镇东莲花村、孟连县娜允镇 8 座国家历史文化名镇、名村，还有 14 个省级历史文化名镇、14 个省级历史文化名村和 1 个省级历史文化街区。丽江古城（1997 年 7 月）、红河哈尼梯田（2013 年 6 月）被列入世界文化遗产名录，三江并流（2003 年 7 月）、石林（2007 年 6 月）、澄江古生物化石地（2012 年 7 月）被列入世界自然遗产名录，丽江纳西东巴古籍文献被列入世界记忆遗产名录。

（四）清洁能源潜力巨大

云南清洁能源资源得天独厚，水能、地热能、太阳能、风能、生物能均有较好的开发前景。全省河流众多，水资源总量 2256 亿立方米，居全国第三位；水能资源蕴藏量达 1.04 亿千瓦，居全国第三位，水能资源主要集中于滇西北的金沙江、澜沧江、怒江三大水系；可开发装机容量 0.9 亿千瓦，居全国第二位。地热资源以滇西腾冲地区的分布最为集中，全省有出露地面的天然温热泉约 700 处，居全国之冠，年出水量 3.6 亿立方米，水温最低的为 25℃，高的在 100℃以上（腾冲市的温热泉，水温多在 60℃以上，高者达 105℃）。太阳能资源也较丰富，仅次于西藏、青海、内蒙古等省区，全省年日照时数在 1000 ~ 2800 小时，年太阳总辐射量每平方厘米在 90 ~ 150

千卡。省内多数地区的日照时数为 2100 ~ 2300 小时，年太阳总辐射量每平方厘米为 120 ~ 130 千卡。

三、宜居宜产的生态优势

生态是云南赖以生存和发展的基石。蓝天白云、青山绿水、四季飞花、群山叠翠，这是云南给大众发出的名片，也是吸引无数游客前往驻足的招牌。2015 年 1 月和 2020 年 1 月，习近平总书记在两次考察云南时都多次提到云南的生态环境优势，鼓励和要求云南省应做好生态文明建设排头兵。

2016 年，中国官方首次发布绿色发展指数。其中，云南省生态保护指数得分 75.79 分，位居全国第二位，仅次于重庆；环境质量指数得分 91.64 分，位居全国第五位，仅次于沿海的海南、福建、广西和西藏。

气候的多样性和自然资源的丰富性，为云南省提供了打造世界一流高原特色品牌的基础。云南特色农业绿色化、有机化发展也已取得长足的发展。2019 年，茶叶、花卉、蔬菜、水果、坚果、咖啡、中药材、肉牛等八个优势产业综合产值增长 15.5%，新认证绿色食品 428 个、有机产品 665 个，农产品加工业产值与农业总产值之比提高到 1.11 : 1[①]。普洱成为全球普洱茶最大基地；全国咖啡种植面积最大、产量最高、品质最优的"中国咖啡之都"；绿色有机农产品种植面积比例达 30.4%，有机认证证书在全国各州市中排名第五，绿色产业增加值占地区生产总值的比重达 44.57%。丽江玉龙纳西族自治县鲁甸乡种植了云木香、贝母、重楼、当归等 50 余种药材，形成了特色化、规模化、产业化的药材经济格局，全乡药材种植面积超过 6 万亩，95% 以上农户种植药材，年产值逾 2.8 亿元，成为"云药之乡"。

2019 年 5 月，中共云南省委办公厅、云南省人民政府办公厅印发了《关于努力将云南建设成为中国最美丽省份的指导意见》，深入贯彻落实《习近平生态文明思想学习纲要》和习近平总书记对云南工作的重要指示精神，努力将云南建设成为中国最美丽省份。宜居宜产的云南生态之美，使其成了人们心中的诗和远方。

---

① 云南省全力推进乡村振兴战略 [EB/OL].（2019-2-2）[2022-2-10].https：//dali.focus.cn/zixun/1a8f854b1ffaaf4a.html.

四、给力到位的政策优势

在习近平生态文明思想和考察云南重要讲话精神的指引下，以生态立省的云南，在近五年，不断积极探索，走旗帜鲜明的绿色发展道路。给力的政策、方针和学术交流等齐齐助力云南省成为全国生态文明建设排头兵。

为实施云南省打造"绿色食品牌"的战略部署，加快云南茶叶产业提质增效、转型升级，推动全面绿色发展，打造千亿云茶产业，2018 年 11 月，云南省人民政府制定出台《关于推进云茶产业绿色发展的意见》（云政发〔2018〕63 号），明确了对绿色有机茶园建设、绿色加工、绿色品牌、金融和科技五个方面的支持。此外，云南省还研究制定了《云南省古茶树保护及开发利用条例》，规范古茶树资源科学保护及开发利用，促进可持续发展。

为助力云南省资源节约和环境保护，推进最美云南建设，发挥价格机制作用助力改善生态环境质量，2019 年 8 月，云南省发展和改革委员会制定了《关于创新和完善促进绿色发展价格机制的实施意见》，从污水处理收费政策体系、固体废物处理收费机制、节约用水的价格机制、节能环保的电价机制、垃圾协同处理的综合性配套政策等方面给予了规范和引导。

为加快云南传统产业绿色转型升级，推动绿色产业发展，2019 年 7 月，兴业银行与云南省政府签署绿色发展合作协议，围绕"一带一路"建设、云南省八大重点产业、"绿色能源""绿色食品""健康生活目的地""三张牌"建设与"五网"基础建设、"四个一百"项目、民营与小微企业、扶贫项目等领域加大对云南省产业转型升级的绿色金融支持力度，在"融智、融资、融商"等方面全面深化合作，计划在未来 5 年内为云南省辖内各类企业和个人提供累计不低于 1500 亿元的各类投融资服务，并积极参与云南绿色金融体系建设、绿色金融人才培养、绿色金融服务创新等，助力云南成为生态文明建设排头兵。

2018 年 10 月 11 日，中国云南绿色发展高峰论坛举行。来自各级政府部门、各个领域，以及专家学者、社会组织、相关企业的代表齐聚昆明，从绿色发展的综合阐释、理论探索、创新实践三大方面的 30 多个选题，分享精彩观点，进行互动交流。为云南争当全国生态文明建设排头兵、加快建设成为"中国最美丽省份"进行政策解读、积极建言献策①。

2020 年 12 月 26 日《中华人民共和国长江保护法》审议通过并于 2021 年 3 月 1 日起实行，旨在推动长江"生态优先，绿色发展"的战略定位和"共抓大保护，不搞大开发"的战略导向制度化落实，对长江的生态保护与资源开发进入了新阶段，云南也迎来了长江经济带绿色高质量发展的新机遇。

第二节　国家区域发展战略中的云南

一、长江经济带建设规划中的云南

实施长江经济带发展战略，是以习近平同志为核心的党中央为主动适应把握引领经济发展新常态，贯彻落实新发展理念，科学谋划中国经济新棋局作出的既利当前又惠长远的重大决策部署。创新区域协调发展机制，打破行政区划界限和壁垒，有利于协同保护长江生态环境，推进基础设施互联互通，促进区域经济协调发展。

长江经济带覆盖上海、江苏、重庆、四川、云南、贵州等 11 省市，面积约 205 万平方千米，占全国的 21%，人口和经济总量均超过全国的 40%，是我国资源富集、经济聚集、城市密集的最大经济区域，也是我国综合实力最强、发展潜力最大的区域之一。其中，长江的上游金沙江干流在云南境内长 1560 千米，金沙江流域覆盖迪庆、丽江、大理、楚雄、昆明、曲靖、昭通 7 个州（市），贫困区县、贫困人口较为集中，拥有良好的生态环境，同时又是生态环境较为脆弱敏感的地区，是长江上游重要的生态安全屏障②。面对国家长江经济带的战略部署，如何尽快融入其中并获得发展先机，是云南积极参与区域合作与竞争，加快推进经济社会发展，与全国同步全面建成小康社会的关键③。

---

① 2018 中国云南绿色发展高峰论坛举行 [N]. 云南日报，2018–10–12.
② "共舞长江经济带"的云南探索 [N]. 云南日报，2019–1–5.
③ 康云海 . 云南融入长江经济带建设的思考 [J]. 长江技术经济，2018，2（04）：14–19.

（一）深化认识达成共识

长江经济带建设是国家大战略，云南省积极融入长江经济带建设，推动长江经济带发展，是时代给予云南省发展的重大机遇，也是必须承担的历史责任。

作为长江上游省份，云南始终坚持"生态立省、环境优先"的发展战略，深入推进生态文明体制改革，着力压实生态文明建设责任。在全国率先开展了生物多样性保护条例立法、生态保护红线划定工作；率先制定并通过了首个以自然生态资源为对象的保护与建设规划《云南省生态保护与建设规划（2014—2020 年）》；出台国土资源管理、生态保护补偿、生态环境损害赔偿等一批重要改革方案，实现国家公园管理体制地方立法；严格生态文明建设党政同责、一岗双责，认真落实河（湖）长制，建立省级环保督察机制，实现 16 个州（市）全覆盖。

为真正贯彻落实"共抓长江大保护、不搞大开发"的总体要求，云南省对接《长江经济带发展规划纲要》，印发实施《长江经济带发展云南实施规划》，提出了云南在长江经济带建设中的目标、方向、思路和重点，围绕建设成为长江上游重要生态安全屏障、特色产业发展示范区、新型城镇化综合试验区、长江经济带面向南亚东南亚开放的重要门户四大角色定位推进云南工作，也为全省推进长江经济带发展明确了时间表、路线图。此外，还研究制定了云南省长江经济带森林和自然生态保护与恢复、长江岸线（云南段）开发利用与保护等专项规划，制定推动落后产能退出实施方案等一系列文件。对各类功能区、各类保护区、工业布局提出了拟实施的"18 项禁令"。其中，各类功能区拟实施 7 条禁令，包括禁止一切不符合主体功能定位的各类开发活动，严禁任意改变用途，因国家重大战略资源勘查需要，在不影响主体功能定位的前提下，经依法批准后予以安排勘查项目。禁止在永久基本农田范围内建窑、建房、建坟、挖沙、采石、采矿、取土、堆放固体废弃物或者进行其他破坏永久基本农田的活动；禁止任何单位和个人破坏永久基本农田耕作层；禁止任何单位和个人闲置、荒芜永久基本农田；禁止新建、改建和扩建不符合《云南省水路交通发展规划（2014—2030 年）》的航运基础设施（包括综合性航运基础设施、航道、港口码头），航电枢纽、海事建设、水路互联互通工程、港口集疏运道路以外的项目[①]。

全省坚持打好水、土、气污染防治"三大战役"，全力实施蓝天、碧水、净土、国土绿化和城乡人居环境提升行动，持续加大滇池治理力度，深入实施洱海抢救性保护行动、抚仙湖保护治理三年行动计划，深入开展"厕所革命"，全面停止和整顿小水电、小矿山开发，加强重金属污染防治，持续推进森林云南建设；坚持推进金沙江沿江两岸天然林保护、退耕还林等重点生态工程，组织开展长江经济带"共抓大保护"专项检查、金沙江岸线保护利用专项检查、打击非法转移倾倒处置危险废弃物等专项行动，减排治污不讲条件，严格管控不让分毫，全力改善提高流域生态环境；坚持保护和改善金沙江流域生态服务功能，强化组织领导，坚持规划引领，突出问题导向，推动中央决策部署在云南具体化，形成生态优先、绿色发展的共识共为，努力形成生态更优美、交通更顺畅、市场更统一、发展更协调、机制更灵活的格局，沟通上海自贸区和云南辐射中心，形成长江经济带"两头开放、双向流动"的格局，确保"一江清水流出云南"。

数据显示，"十三五"期间云南境内长江流域水质持续改善，截至 2019 年，全省主要河流水环境质量持续改善。265 个国控、省控断面中 224 个符合Ⅲ类及以上标准，水质优良，占 84.5%，全省主要河流水质保持稳定，六大水系干流出境、跨界主要断面水质均符合Ⅱ类标准，均达到水环境功能要求；全省湖泊、水库水质总体良好，优良率为 82.1%。九大高原湖泊水质稳中向好，地级城市集中式饮用水水源地水质达标率为 97.9%，县级城镇集中式饮用水水源地水质达标率为 98.9%，地下水水质继续保持稳定；全省湿地总面积 61.4 万公顷，自然湿地 40.5 万公顷，人工湿地 20.9 万公顷，全省国际重要湿地 4 处，建设国家湿地公园 18 处，省级重要湿地 31 处。全省已建成自然保护 164 处，总面积 286.71 万公顷，基本形成布局较为合理、类型较为齐全的自然保护区网络体系；2019 年全省森林面积 2392.65 万公顷，森林覆盖率 62.4%，森林蓄积量 20.2 亿立方米。[②]

---

① 云南长江经济带拟实施"18 项禁令"[N]. 昆明日报，2019–7–12.

② 《2019 年云南省环境状况公报》发布，全省生态环境质量保持优良 [EB/OL]．（2020–6–4）[2021–7–8].http：//www.yn.gov.cn/ztgg/hbdc/zxqk/202006/t20200604_204976.html.

（二）突出问题导向引领绿色生态廊道建设

云南省以问题为导向，牢固树立新发展理念，以生态优先、绿色发展为引领，全力抓好长江流域水污染治理、水生态修复、水资源保护，聚焦蓝天、碧水、净土，全力打好污染防治攻坚战，大力实施乡村振兴战略和城乡人居环境提升行动，坚决把云南长江经济带建成水清地绿天蓝的绿色生态廊道。

坚持保护优先、自然恢复为主，云南大力实施生态环境保护工程，扎实推进金沙江沿江两岸天然林保护、退耕还林、森林抚育、防护林建设、石漠化治理、生物多样性保护、生态效益补偿等重点生态工程，局部地区生态恶化的趋势得到有效遏制。

云南加快生态文明体制改革，出台国土资源管理、生态保护补偿、生态环境损害赔偿等一批重要改革方案。2018年6月，发布《云南省生态保护红线》，明确划定全省生态保护红线面积11.84万平方千米，占全省总面积的30.9%。境内六大水系上游区，特别是金沙江、怒江、澜沧江等约70%的面积被纳入生态保护红线。

通过积极努力，云南省701个入河排污口已逐个落实河长，列入全国挂牌督办的12条黑臭水体，完成销号1条，达到不黑不臭6条，2017年全省主要河流国控、省控监测断面水质优良率为82.6%，长江等六大水系的主要出境、跨界河流断面水质达标率为100%。

（三）用绿色发展守护一江碧水

云南省坚定贯彻"生态优先、绿色发展"理念，积极探索把绿水青山转化为金山银山的路径方法，提高在发展中保护、在保护中发展的能力水平，坚持用高质量发展守护一江碧水。加强创新型云南建设，做好产业"加减法"，着力推动新旧动能转换，构建开放型、创新型和绿色化、信息化、高端化现代产业体系，谋划打好"绿色能源""绿色食品""健康生活目的地"三张牌，不断提升发展的"绿色含量"。做好错位发展、相互协作、有机融合文章，协调推进长江经济带发展与"五网"建设、乡村振兴、脱贫攻坚等重大部署落实，统筹抓好战略通道支撑、滇中城市群建设、省际协商合作、内外统筹发展等工作，为形成长江经济带上中下游优势互补、协同发展格局，建设东西双向、陆海统筹的对外开放新走廊，作出云南应有贡献。

在国家重大战略引领下，云南积极参与沿江产业承接转移和分工协作，优化长江沿岸产业布局，推动新旧动能转换和经济高质量发展。2017年，云南电网持续优化以水资源为主的电源结构，大力推进西电东送，全力消纳富余水电。云南非化石能源电量占比93%，水电装机突破6280万千瓦，西电东送电量首次突破1200亿千瓦时，占到南方电网西电东送电量的60%以上。

云南严格控制化工、冶金、建材等产业的规模产能，禁止不符合国家产业政策和规划要求的重污染类项目落地，全面落实"三去一降一补"重点任务，近年来全省累计压减生铁产能156万吨、粗钢产能426万吨，取缔"地条钢"产能600万吨，退出煤炭产能3876万吨。2018年3月，《云南省新材料产业施工图》发布，明确重点发展先进光电子微电子材料、绿色新能源材料等七大新材料产业链。预计到2025年，新材料产业新增产值1400亿元，将成为推动云南新旧动能转换的重要战略性新兴支柱产业。

当前，云南经济发展呈现良好态势，产业结构逐步优化，动能转换提速推进，清洁能源交易电量占比达96%，居全国首位。

二、"一带一路"倡议中的云南

"一带一路"是我国新时期提升对外开放水平的伟大战略构想，是党中央统揽政治、经济、文化、外交和社会发展全局，着眼于实现中华民族伟大复兴中国梦作出的一个重大战略决策。"一带一路"建设翻开了我国全方位对外开放战略的新篇章，彰显了新时期我国周边外交"亲、诚、惠、容"的新理念，为加强区域合作提供了新平台，也为我国中西部地区发展提供了新机遇，具有深远历史意义和重大现实意义。

从历史看，云南在我国对外历史上长期发挥着内陆门户的重要作用。早在秦汉时期，"南方丝绸之路"便造就了古代史上开放和鼎盛的云南。近代修建滇越铁路，带动了近代工业的发展。二战时期，云南又成为抗战大后方，在世界反法西斯东方战场上发挥了重要作用。

云南是中国通往东南亚、南亚的窗口和门户，地处中国与东南亚、南亚三大区域的结合部，共有26个口岸，其中一类口岸20个、二类口岸6个，与缅甸、越南、老挝三国接壤；与泰国和柬埔寨通过澜沧江—湄公河相连，并与马来西亚、新加坡、印度、孟加拉等国邻近，是我国毗邻周边国家最多的省份之一。历史上著名的"史迪威公路"和"驼峰航线"经过云南境内。云南认真贯彻习近平总书记考察云南重要讲话和指示精神，努力把云南建成为我国面向东南亚南亚辐射中心，主动服务和融入"一带一路"建设、长江经济带发展、成渝的国家重大发展战略，努力构建云南全方位开放新格局，联通中国与东南亚、南亚、东亚三大市场，与各邻近国家建立互利、共赢合作关系，云南将更深程度融入世界经济体系。云南公路、铁路、航空和水运网络日趋完善，初步形成通往东南亚、南亚、东亚国家的三条便捷的国际大通道。一是西路通道，沿滇缅（昆畹）公路、中印（史迪威）公路和昆明至大理的铁路西进，有多个出境口岸，可分别到达缅甸密支那、八莫、腊戌等地，并直达仰光；还可经密支那到印度雷多，与印度铁路网连接后通往孟加拉国的达卡、吉大港和印度的加尔各答港。二是中路通道，由澜沧江—湄公河航运、昆明至打洛公路、昆明至曼谷公路和西双版纳机场构成，通往缅甸、老挝、泰国并延伸至马来西亚和新加坡。2008年3月21日，昆明至曼谷国际大通道中国路段全线贯通。三是东路通道，以现有滇越铁路、昆河公路及待开发的红河水运为基础，通往越南河内、海防及其南部各地。2009年11月1日，中越双方联合设计建造的中越红河公路大桥正式通车，该桥与新河高速、蒙新高速相连接。红河公路大桥与中越铁路大桥、南溪河公路大桥一起构成连接中越两国交通网络的重要枢纽。2013年5月30日，中国第四条能源进口战略通道中（滇）缅油气管道全线贯通，同年9月30日，中（滇）缅油气管道开始输送天然气。

从现实看，近年来，国家支持云南与周边国家互利合作交流，加快建设面向南亚东南亚辐射中心，使云南从开放"末端"归位于"前沿"。2019年4月，国家发展改革委印发《关于支持云南省加快建设面向南亚东南亚辐射中心的政策措施》，提出支持云南省在农业、基础设施、产能、经贸等方面深化与周边国家的交流与合作。2019年8月，云南自贸区获批，有利于创新沿边跨境经济合作模式和加大科技领域国际合作力度。

云南省如何依托区位优势，切实找准云南在国家"一带一路"建设中的战略定位，努力融入国家"一带一路"建设规划，发挥云南在"一带一路"

建设中连接交汇的战略支点作用，做好国家整体布局的排头兵，这是时代的召唤，也是云南人的历史责任。

（一）战略机遇

云南在"一带一路"建设中具有四大战略机遇：一是可以依托桥头堡建设，在"一带一路"倡议中发挥重要门户作用，云南可以借助桥头堡建设的良好政策沟通，在道路连通、贸易畅通、货币流通、民心相通等方面，做好与周边国家互联互通；二是可以在"一带一路"倡议中发挥区域合作高地作用，打造大湄公河次区域合作升级版；三是可以在"一带一路"倡议中发挥睦邻外交战略通道作用，推进孟中印缅经济合作和孟中印缅经济走廊建设，开拓新的战略通道和战略空间；四是可以在"一带一路"倡议中发挥先行先试区作用，着力提升沿边开放步伐。云南可以充分依托现有的滇中产业新区、沿边金融综合改革试验区、瑞丽重点开发开放试验区和跨境经济合作区建设，充分发挥南博会、昆交会、边交会在对外开放中的平台作用，提升沿边开放型经济水平[①]。

（二）应有举措

首先，云南应加强对外务实合作，提升国际参与度。要加强对外开放，主动参与国际国内产业链、供应链、价值链分工，以建设面向南亚东南亚辐射中心为导向，以服务和融入"一带一路"建设统领新一轮对外开放，谋划实施一批最体现云南区位优势、资源禀赋且最为契合国家战略需要的重大开放举措，切实增强统筹利用国际国内两个市场、两种资源的能力。注重增强与南亚东南亚国家"五通"的同时，更加注重增强云南与欧洲、北美、日韩和非洲市场的合作。要用好现有对外开放合作平台，加快推进重点开放试验区、边境经济合作区、跨境经济合作区、境外经贸合作区、综合保税区建设取得新成效；高位统筹沿边金融综合改革试验区建设取得新进展，不断扩大人民币跨境业务试点，推进人民币周边化步伐。要协调推进对外开放布局，大力支持昆明建设区域性国际中心城市，重点推进沿边地区开发开放。

其次，应深化对内全面合作，提升国内融合度。应深度推进内向开放全

---

① "一带一路"战略云南迎 4 大机遇 [EB/OL].（2017−8−10）[2022−2−3].http：//kmtb.mofcom. gov.cn/article/g/201708/20170802624102.shtml.

面合作，主动对接和融入长江经济带、泛珠三角区域经济合作区、粤港澳大湾区发展，加强与全国重点区域及周边省份合作，进一步增强统筹整合国内区域的能力，为建设面向南亚东南亚辐射中心提供支撑。要加强生物医药与大健康、新材料、文化旅游、能源、高原特色现代农业、现代服务业、科技教育等领域的合作，扩大合作发展空间，推动云南与东中部区域产业优势互补、分工协作，提升产品国际市场竞争力；要打造国际化的营商环境，实现人流、物流、资金流、信息流以云南为中心的汇聚和辐射，逐步将云南打造成为我国企业"走出去"的理想之地、补给之地 [①]。

（三）初步成效

政策支持方面，为充分发挥云南在全面开放新格局和"一带一路"建设中的区位优势，云南省印发了《云南省参与建设丝绸之路经济带和21世纪海上丝绸之路实施方案》《云南省建设面向南亚东南亚经济贸易中心实施方案》等方案，支持和推进云南省在"一带一路"建设中的担当。

经贸合作方面，近年来，云南着力建设面向南亚东南亚辐射中心，与东南亚和南亚国家之间对外贸易额快速增长，与东盟十国和印度进出口总额几乎占到云南对外贸易总额的半壁江山。截至2017年9月，云南已建成7大类，17个开发开放合作功能区，拥有18个国家一类口岸，贸易伙伴覆盖南亚东南亚和全球230多个国家和地区。根据"一带一路"国际合作高峰论坛成果清单显示，涉及云南的开放合作成果有5大类，62大项，160多项。

金融合作方面，2013年11月底，中国人民银行联合多部委办联合印发《云南省广西壮族自治区建设沿边金融综合改革试验区总体方案》。近年来，云南着力推进沿边金融综合改革试验区建设，与南亚东南亚国家开展了多种形式的金融合作，对外投资稳步增长，在全国首批试点个人经常项下跨境人民币业务，截至2017年9月，跨境人民币业务已覆盖境外82个国家和地区，人民币在南亚东南亚国家对非主要国际储备货币兑换模式逐步形成。

交通运输方面，国际航运沟通六国。澜沧江—湄公河国际航运开创于20世纪90年代初，经过中老缅泰枯水期联合考察，于2000年4月四国签订了

---

① 霍强，刘鸿.云南融入"一带一路"与长江经济带的路径及对策 [J]. 对外经贸，2017（11）：90–92.

《中老缅泰澜沧江—湄公河商船通航协定》，2001年6月实现澜沧江—湄公河国际航运正式通航。到2025年，将建成从思茅港南得坝至老挝琅拉邦890千米、通航500吨级船舶的国际航道，并在沿岸布设一批客运港口和货运港口。玉磨高速于2022年通车，昆明长水国际机场通航40多个国外城市，中老铁路境内境外段同时建设。

能源支援方面，2004年9月25日，我国第一个对越南送电项目——红河电网110千伏河口至越南老街线正式启动对越送电。2015年11月29日，南方电网云南国际总承包的"一带一路"首个电网合作项目——老挝北部项目正式通电移交。至今，云南对越南送电12年、对老挝送电15年、对缅甸送电13年，"云南电"点亮了周边国家的许多家庭、村镇。

文化交流方面，充分发挥地缘、人缘、文缘、商缘优势，扩大与东南亚南亚国家文化交流，统筹推进文化交流、文化传播、文化贸易，文化走出去取得了显著成效。如精心策划、成功举办"感知中国·美丽云南"日内瓦系列宣传展示活动、第十三届亚洲艺术节、"感知中国·缅甸行"系列活动，与老挝合作举办"中国·老挝"大型春节联欢晚会，精心打造具有云南特色、中国气派、国际水准的系列对外文化交流品牌，增进了与有关国家的文化交流和友谊。在对外文化传播方面，在国外主流媒体打造一系列《美丽云南》新闻专刊，用对象国语言办好泰文《湄公河》、缅文《吉祥》、老挝文《占芭》、柬文《高棉》杂志等系列外宣刊物，推动广播节目和电视频道在周边国家落地，依托节庆活动、报纸和书社等载体开展文化传播，取得了良好效果。

第三节 以绿色发展为径引领云南高质量发展

一、云南省推进高质量发展的生态指引

绿色发展是以效率、和谐、持续为目标的经济增长和社会发展方式，是建立在生态环境容量和资源承载力的约束条件下，将环境保护作为实现可持续发展重要支柱的一种新型发展模式。绿水青山、蓝天白云是云南的亮丽名片和宝贵财富，也是不可替代的后发优势。"争当生态文明建设排头兵"成

为云南省新的定位和任务。云南省地理气候环境特殊，是西南乃至国际区域性的重要生态安全屏障，坚持绿色发展对云南意义重大。

云南省高位推动，狠抓落实，生态文明建设成效显著。从"十二五"到"十三五"，云南省促进绿色发展，着力推进生态云南建设，增强绿色发展对生态建设的基础性和核心性支撑作用，建设资源节约型和环境友好型社会。云南省把生态文明提到了更加突出的位置，辅以政策和制度支持，使绿色发展的目标、理念、路径更加清晰，内涵更加丰富。

云南拥有良好的生态环境和自然禀赋，作为西南生态安全屏障和生物多样性宝库，承担着维护区域、国家乃至国际生态安全的战略任务。同时，云南又是生态环境比较脆弱敏感的地区，保护生态环境和自然资源的责任重大。坚持绿色发展，争当全国生态文明建设排头兵是国家赋予云南的使命。

从"十二五"到"十三五"，在绿色发展战略驱动下，云南取得了十分可喜的成绩。在产业发展方面积累了绿色转型的经验，为生态文明体制机制建设奠定了基础。面对资源趋紧、环境恶化、生态系统退化的严峻现实，在全面建成小康社会、继续推进共同富裕、争当全国生态文明建设排头兵的关键时期，通过系统性的政策安排和落实，云南省生态建设和环境保护取得了显著成效。生产方式和生活方式绿色、低碳水平上升，主要生态系统步入良性循环，森林覆盖率进一步提高。能源资源开发利用效率大幅提高，能源和水资源消耗、建设用地、碳排放总量得到有效控制，主要污染物排放总量大幅减少。生物多样性得到有效保护，高原生态湖泊水质明显改善。环境质量和生态环境保持良好，城乡人居环境不断优化，主体功能区布局基本形成，生态文明建设走在全国前列。

二、云南省落实绿色发展的基础与实践

云南是生态资源大省，是动植物王国。生态优势如何转化为发展优势？这是云南省多年来努力探索解答的命题。

2018年1月，云南省委、省政府提出打好绿色食品、绿色能源和健康生活目的地这"三张牌"，努力把生态资源优势转化为绿色发展优势，推动云南经济的高质量发展。"三张牌"，成为云南在新时代争当生态文明建设排

头兵的生动实践。

"三张牌"的共同特点，是让"绿色"成为云南产业转型升级、经济高质量发展的鲜明底色。云南省打绿色"三张牌"的底气来自于丰富的生态资源。云南是国家重要的生态安全屏障，目前林地面积达 3.91 亿亩，居全国第二；森林蓄积率 18.95 亿立方米，居全国第二；森林覆盖率 59.3%，居全国第七。云南水电资源可开发量居全国第三位，全省电力装机在全国排第六位[①]。

（一）绿色能源

云南天然的绿色能源资源十分丰富，这为云南省打造世界一流"绿色能源牌"奠定了坚实基础。绿色发展实现了环境目标与经济效益的互融互通，形成了经济增长与环境保护的协调统一。事实上，云南多年"高消耗、高污染、低效率"的粗放型经济增长模式，已经导致能源、资源紧缺和环境恶化，成为了制约经济发展、社会进步的瓶颈。新时代新征程，提高资源、能源的使用效率，实现可持续发展，推行清洁能源尤其是可再生能源，已经势在必行。

云南蕴藏着丰富的动植物资源、矿产资源，是水电资源大省，能源产业也一直都是云南的支柱、优势产业，清洁能源资源优势更是云南实现绿色发展的底气所在。数据显示，截至 2017 年 8 月底，云南已建电源总装机容量 8572 万千瓦，其中，水电装机容量 6122 万千瓦、风电装机容量 810 万千瓦、光伏发电 218 万千瓦，可再生能源占比超过 83%。可见在发展"绿色能源"方面，云南大有可为。

用好水电资源，加快云南可持续发展。在绿色发展理念越来越深入人心之际，以水电为主的清洁能源已经不仅仅是生态保护的需要，更是云南可持续发展的需要。基于此，2018 年云南省政府工作报告就明确指出，截至 2020 年云南水电装机容量已经达到 7298 万千瓦，[②] 形成金沙江下游、金沙江中游、澜沧江中下游和澜沧江上游 4 个绿色电源带，成为全国水力发电主力省，最终成为全国重要的清洁能源基地。

多措并举，推动能源成为第一支柱产业。党的十九大报告明确提出：壮

---

① 云南：绿色发展已成经济转型新坐标 [N]. 光明日报，2018-5-1.

② 云南省电源装机突破 1 亿千瓦 [N]. 中国电力报，2020-12-8.

大节能环保产业、清洁生产产业、清洁能源产业。其实，不论是资源禀赋还是区位优势或者产业基础，能源都具备打造成为云南第一支柱产业的条件，绿色能源更是后劲十足。政府工作报告提出，加快建设干流水电基地，加强省内电网、西电东送通道、境外输电项目建设，拓展省内外和境外电力市场，无疑有助于加快绿色能源产业发展。

绝不能走"先污染后治理"的老路，也不能走"守着绿水青山饿肚子"的穷路。建设共同富裕征程中，云南不但要大力发展绿色能源，还需依托绿色能源发展绿色产业，将以水电为主的清洁能源优势进一步转化为全省经济社会的发展优势。着力发展新材料、改性材料和材料深加工，延伸产业链；加快发展新能源汽车产业，尽快形成完整的产业链，①都有助于把云南绿色清洁能源优势转化为经济优势、发展优势。

当前，云南以水电为主的清洁能源占比达到83.4%、非化石能源电量占比达到93%，已经达到了国际一流水平。然而同时云南也面临着能源开发与产业布局不协调、能源对产业支撑不足等结构性矛盾，需要进一步完善能源与经济、社会、环境的协调发展机制，推动能源发展由"资源开发型"向"市场开拓型"转变、能源效益由"建设红利型"向"改革红利型"转变、能源产业由"单一型"向"综合型"转变，努力建成全国重要的清洁能源基地，让清洁能源成为云南能源企业发展共识。

昆明电力交易中心是全国首家由电网企业相对控股的公司制电力交易机构，股东涵盖电网企业、发电企业、电力用户、地方电力企业等各类主体。云南省作为电力大省，电力交易中心作为"一站式"电力交易服务平台，致力于将所有的发电主体资源汇聚到平台，通过设立市场机制，让发电主体更好更快地成交。近年来始终坚持优先保证"绿色能源"消纳的理念，建立南亚、东南亚电力市场，将云南绿色电力输送到世界各地，在交易过程中，采取"绿色能源"和火电机组同时报价的方式，以确保水电优先成交，并配合南方区域做好电力电量平衡，确保绿色能源能够尽量地输送到广东，尽量利用"西

---

① 云南省人民政府办公厅关于印发云南省加快新能源汽车产业发展和推广应用若干政策措施的通知 [EB/OL].（2020-8-7）[2022-1-8].http：//www.yn.gov.cn/zwgk/zcwj/yzfb/202008/t20200807_208579.html.

电东送"通道，配合广州电力交易中心，做些跨省跨区的电力交易，让更多的省外用户能用上云南省的绿色电力，以确保打好"绿色能源牌"。

（二）绿色食品

近年来，云南省大力推进农业发展提质增效，坚持走绿色发展、可持续发展之路，云南绿色生态品牌得以进一步彰显。云南省重点针对蔬菜、水果、茶叶、咖啡、甘蔗、油料、花卉等12个重点产业，加快推动其转型升级，并坚持把创新作为发展动力，实施了十大科技增粮措施，打造出了一批示范点、示范片、示范县和知名大品牌。

茶产业热点城市普洱，针对茶叶企业小、散、弱，品牌散、乱、杂等绿色发展痛点，积极出思路、想办法，以推进茶山品牌战略作为突破口，做强茶产业。当前在供给侧结构性改革和需求端结构性改革的双管齐下的趋势下，要让资源禀赋变成财富，让绿水青山变成金山银山，积极塑造品牌提升附加值。"空气带不走、生态带不走，绿色健康食品可以带走。"以品牌建设引领茶产业，打造高原特色现代农业，普洱正不断加大品牌打造、产业增收能力等建设，加快农业结构调整，培育绿色健康食品，普洱已有一批农产品区域品牌受到消费者青睐。普洱小粒咖啡、墨江紫米、无量山乌骨鸡等，成功走出了生态与生计兼顾、增绿与增收协调、"绿起来"与"富起来"统一的品牌农业发展新路子。

将绿色理念变成绿色产品，丽江市以"品牌＋市场＋龙头＋基地＋合作社＋农户"的产业化联合体模式，推进绿色食品优质原料基地建设。通过招大商，引进国内外优势企业和研发机构到丽江投资，设立农产品加工区域总部、加工生产基地、加工研发中心，构建世界一流的生产经营主体已初见成效。目前，丽江市已形成果有汇源，花有惠润，药有康美、天士力，畜有国能、正邦，名企与名牌结合、资本和资源融合共同打造"绿色品牌"的创新格局，推动丽江绿色发展进入新境界。

立足资源禀赋，坚持绿色发展。保山市为扭转绿色发展确定的茶叶、银杏、咖啡、水果、中药材等产业散、小、弱、乱，及加工粗放、附加值不高的被动局面，决定在"规模带动"和"龙头引领"上下功夫，将绿色产业优势转化为规模、结构和效益优势，把"绿色品牌"打造落实在一个个产品和一项项产业上。以高质量建设 11 个万亩规模的农业示范区为抓手，加大力度扶持 10 家农特产品加工企业上市挂牌，达到一家企业带动一项产业、致富一方群众的目的。目前，11 个万亩规模农业示范区已流转土地 12.51 万亩，带动 2.02 万户农户走上农业增效、农民增收的绿色发展之路。昆明斗南花卉市场的鲜花远销 40 多个国家和地区，是亚洲最大的鲜切花交易市场，正向"世界第一"迈进。

云南具有综合立体型气候和多样性品种的独特优势，拥有优质的水源、光照、空气和土壤，为云南打好"绿色食品牌"提供了得天独厚的自然条件。据了解，云南拥有国家驰名商标农产品 21 个，通过"三品一标"认证的农产品 2000 多个，花卉、普洱茶、三七等区域性品牌闻名海内外，核桃和澳洲坚果种植面积全球第一，农产品出口额多年稳居西部省份第一。目前云南农业部门正在开展产业结构优化行动、绿色生产推进行动、农产品加工业提升行动、绿色产品质量安全保障行动和绿色品牌创建行动，努力打造"绿色食品牌"。

（三）健康生活目的地

云南打造"健康生活目的地"，就是要发展全产业链的"大健康产业"，重点建设集医疗、研发、教育、康养于一体的医疗产业综合体，以"一部手机游云南"为抓手推进旅游产业全面转型升级，吸引海内外游客到云南来旅游、定居、生活，"让云南人健康起来、让想健康的人到云南来"。目前，云南正在推进中医药与养生、养老、旅游等融合发展，积极推进中医药走出去，打造面向南亚、东南亚开放的传统医药医疗服务、教学、科研基地，建设 2~3 所海外中医中心。云南对三七的研究在全国中药材中走在前列，先后制定了三七的地方标准、国家标准和国际标准，促进了三七规范化种植、加工和贸易，是云南发展大健康产业的成果。

云南省旅游发展委员会介绍，2017 年有 5.73 亿人次在云南旅游，约60% 为省外游客，2018 年起要推动 77 个县按照全域旅游的要求来开展旅游开发，通过市场整治和智慧旅游建设——"一部手机游云南"，使云南真正成为一个大景区。"打造健康生活旅游目的地，就是满足日益增长的来滇旅游的海内外游客追求美好生活的需要。"

三、云南省绿色发展政策体系

（一）云南绿色发展举措

习近平总书记明确指出，"良好生态环境是最公平的公共产品，是最普惠的民生福祉"。绿色、循环、低碳发展，是当今时代科技革命和产业变革的方向，是最有前途的发展领域。云南要实现跨越发展，就必须通过绿色发展拉动经济增长"新动能"，形成新的经济增长点。

思想是行动的先导，理论是实践的指南。就绿色发展而言，不能仅仅体现为对环境的整治和对生态的保护，更应成为一种思想、一种理念、一种生活方式。要厚植绿色发展理念，必须动员和组织各部门、各行业、各单位以及每个社会成员共同维护绿色发展，切实把生态文明理念、原则、目标融入经济社会发展各方面，让"绿色化"在生产和生活中深入人心并渐成自觉，形成良好的绿色发展氛围。

发展绿色产业，培育新的增长点。要实现跨越发展，云南必须坚定不移走绿色低碳循环发展之路，加快发展新技术、新产品、新业态、新模式，构建绿色产业体系。比如，旅游业已成为云南经济增长最快的产业之一，是重要支柱产业、绿色产业、富民产业，可以充分发挥区位优势，大力发展极具特色和潜力的旅游文化产业，以及高原特色农业、生物医药产业、新能源产业等生态特色产业，在生态创建、绿色创建上做文章、创品牌，培育彩云之南绿色财富新的增长点。

建立健全长效机制，构建发展制度体系。实现绿色发展，不仅需要先进理念和具体实践，也需要制度支撑。云南在 1999 年就已提出"建设绿色经济强省"，此后生态文明体制改革方案等也陆续出台。先后印发实施《云南省各级党委、政府及有关部门环境保护工作责任规定（试行）》，率先在全国出台《云南省县域生态环境质量监测评价与考核办法》等系列重要文件……通过不断提高绿色发展和要求，不断健全制度和机制，推动着绿色发展理念和实践在云南落地生根。面向未来，更需要坚持法治思维和法治方式，进一步提高绿色指标的考核权重，把保障人民健康和改善环境质量作为更具约束性的硬指标，在深化生态文明体制标准改革、划定并严守生态保护红线、突出优势加强自然生态保护、突出重点强化污染防治、加快形成绿色生产方式和生活方式等上下功夫，推动云南绿色发展，建设美丽云南。

共享绿色福利，助推绿色发展。实现绿色发展，绿色共享理念也不可或缺。事实上，让人民群众共享"生态红利"分享"绿色福利"，也有助于推动节俭、绿色低碳、文明健康生活方式与消费模式的践行，为建设美丽云南夯实底气。可以抓住绿色转型机遇，努力营造推窗见景、开门见绿、出门入园的人居环境；培育和产出更多绿色产品，确保各类食品绿色有机无公害，让云南人民共享放心餐饮之福。

建设生态文明、推动绿色发展，体现了彩云之南人民对美好生活的向往。小康全面不全面，生态环境质量是关键。云南是中国通往东南亚、南亚的窗口和门户，具有资源富集、生态良好的优势，又面临一系列重大发展机遇，当前更应厚植"云南生态环境最好、云南生态环境保护得最好、云南经济社会与环境协调发展得最好"理念，努力逾越环境生态的瓶颈，不断推动产业结构从过度依赖资源消耗、环境消耗的中低端向更多依靠技术和服务的中高端提升，让彩云之南天更蓝、山更绿、水更清、生态环境更美好，也让老百姓世代守护的绿水青山变为实实在在的"金"山"银"山。

（二）云南绿色发展政策体系

党的十九大以来，在以习近平同志为核心的党中央坚强领导下，各级价格主管部门认真落实党中央、国务院决策部署，积极推进资源环境价格改革。出台支持燃煤机组超低排放改造、北方地区清洁供暖价格政策，对高耗能、高污染、产能严重过剩行业用电实行差别化电价政策，全面推行居民用电、用水、用气阶梯价格制度，完善水资源费、污水处理费、垃圾处理费政策，出台奖惩结合的环保电价和收费政策，为加强生态环境保护做出了积极贡献。但与生态文明建设的时代要求和打好污染防治攻坚战的迫切需要相比，还存在价格机制不够完善、政策体系不够系统、部分地区落实不到位等问题，资源稀缺程度、生态价值和环境损害成本没有充分体现，激励与约束相结合的价格机制没有真正建立。需要通过进一步深化价格改革、创新和完善价格机制加以解决。

2018 年 7 月，国家发改委出台了《关于创新和完善促进绿色发展价格机制的意见》（发改价格规〔2018〕943 号），该意见中提出了两个时间节点的目标：一是到 2020 年基本形成有利于绿色发展的价格机制和价格政策体系；二是到 2025 年建立起比较完善的绿色发展价格机制。围绕上述目标要求，意见明确了深化资源环境价格改革的方向，也提出了一揽子的政策措施。

2019 年 8 月，为贯彻落实国家发展改革委《关于创新和完善促进绿色发展价格机制的意见》精神，助力云南省资源节约和环境保护，推进最美云南建设，云南省发展和改革委员会制定了《关于创新和完善促进绿色发展价格机制的实施意见》，该意见强调，将健全促进节能环保的电价机制，完善峰谷电价机制，对执行峰谷分时电价的一般工商业用户，注册进入市场后继续执行峰谷分时电价。鼓励市场主体签订包含峰、谷、平时段价格和电量的交易合同。利用峰谷电价差、辅助服务补偿等市场化机制，促进储能发展。到 2020 年，云南将基本形成有利于绿色发展的价格机制、价格政策体系，促进资源节约和生态环境成本内部化的作用将明显增强。

（三）云南绿色发展考核体系

云南省高度重视生态文明建设，牢固树立尊重自然、顺应自然、保护自然的生态文明理念，坚定不移走绿色发展之路。2015 年 1 月 19 日至 21 日，习近平总书记视察云南时指出，云南要主动服务和融入国家发展战略，闯出一条跨越式发展路子来，努力成为我国民族团结进步示范区、生态文明建设排头兵、面向南亚东南亚辐射中心，谱写好中国梦的云南篇章。云南省先后出台了《中共云南省委云南省人民政府关于争当全国生态文明建设排头兵的决定》《云南省全面深化生态文明体制改革总体实施方案》《中共云南省委云南省人民政府关于努力成为生态文明建设排头兵的实施意见》等一系列重要文件，启动了《云南省生态文明排头兵建设规划（2016—2020 年）》编制工作。2017 年，印发《云南省生态文明建设目标评价考核实施办法》和《云南省绿色发展指标体系和云南省生态文明建设考核目标体系》（即云南省"一个办法，两个体系"），标志着该项评价考核制度规范正式建立。

依据"一个办法，两个体系"，开展州市生态文明建设年度评价工作，是贯彻习近平新时代中国特色社会主义思想和党的十九大精神的重要举措，是落实党中央、国务院及云南省委、省政府推进生态文明建设一系列决策部署的具体行动，对于完善云南省经济社会发展评价体系，引导各地、各部门深入贯彻新发展理念，树立正确发展观、政绩观，具有重要的导向作用；年度评价工作重在引导各市牢固树立生态文明意识，自觉践行绿色发展理念，是督促和引导各地推进生态文明建设的"指示器"和"风向标"，对于推动实现云南省生态文明建设目标具有重要意义。

根据"一个办法，两个体系"，年度评价使用的绿色发展指数，是通过《云南省绿色发展指标体系》中的资源利用、环境治理、环境质量、生态保护、增长质量、绿色生活6个方面共52项评价指标计算出来的，用于反映一个地区生态文明建设进展综合情况，引导各州市落实生态文明建设相关工作。

资源利用指数所占权重为29.3%，反映一个地区能源、水资源、建设用地的总量与强度双控要求和资源利用效率；环境治理指数所占权重为16.5%，反映一个地区主要污染物、危险废物、生活垃圾和污水的治理以及污染治理投资等情况；环境质量所占权重为19.3%，主要反映一个地区大气、水、土壤的环境质量状况；生态保护指数所占权重为16.5%，反映一个地区森林、草原、湿地、自然保护区、水土流失、土地沙化和矿山恢复等生态系统的保护与治理；增长质量指数所占权重为9.2%，反映一个地区宏观经济的增速、效率、效益、结构和动力；绿色生活指数所占权重为9.2%，反映一个地区绿色生活方式的转变以及生活环境的改善。

（四）云南绿色发展公益组织

云南省绿色环境发展基金会（Yunnan Green Environment Development Foundation），简称绿色基金会（YGF），是于2008年1月在云南省民政厅注册成立，以多重效益造林、生物多样性保护、促进社区可持续发展为宗旨的环保公募基金会。

自成立以来，基金会充分利用公募平台，与企业、境内外环保组织以及公众合作，设立地球之声专项基金、绿色基金、社区巡护基金及灵长类保护基金4个专项基金，共同开展了极小种群珍稀濒危物种保护行动、社区巡护行动、森林碳汇和沼气减排项目开发、消除碳足迹植树、支援云南抗旱以及农村替代能源（沼气池、节柴灶、太阳能等）建设等40多个项目和活动，取得很好的成效和社会反响，得到政府部门的认可。

第二章 云南省生态环境保护与绿色发展现状

云南素有"植物王国""动物王国""香料王国""有色金属王国"等美誉，生物物种及特有物种均居全国之首；在国家划定的十大生态安全屏障中，云南肩负着"西部高原""长江流域""珠江流域"三大生态安全屏障的建设任务，在国家生态安全战略和国际生态安全格局中具有重要地位。同时，云南又是生态环境比较脆弱敏感的地区，呵护好彩云之南这片"生态绿洲"，需要我们充分认识生态环境保护的极端重要性，着力守护生态之美，让绿色成为美丽云南最鲜明的底色。

第一节 砥砺奋进中的云南省

一、平稳健康发展的社会经济

"十三五"期间，以习近平总书记考察云南重要讲话精神为指引，云南蹄疾步稳、稳中求进，实现了经济社会的历史性、跨越式高质量发展，全面建成小康社会胜利完成。"十三五"是云南历史上经济发展最快、发展最优、发展最强的 5 年。经济总量一举跃上 2 万亿元台阶，人均地区生产总值从全国平均水平的 58.4% 提高到 67.6%，增长近 10 个百分点；城镇及农村居民收入提前实现"翻一番"目标，工业经济结构从"一烟独大"转变为烟草和能源两大支柱产业"双驱动"，现行标准下全省农村贫困人口全部脱贫。"十三五"以来，云南省每年的经济增速都高于全国平均水平 2 个百分点以上，位居全国前列。经济总量排位从"十二五"末的第 23 位提升到 2019 年的第 18 位，前进 5 位。"十三五"是民生福祉不断提高、改革开放不断深化、生态环境不断改善，民族团结、边疆稳定大好局面进一步巩固的 5 年，为全面开启社会主义现代化建设新征程奠定了坚实基础。

"十三五"期间，全面建成小康社会取得决定性成就。脱贫攻坚取得决定性成就，现行标准下全省农村贫困人口全部脱贫，150 万人通过易地扶贫搬迁实现"挪穷窝""斩穷根"，11 个"直过民族"和"人口较少民族"实现整族脱贫，兑现了小康路上"一个民族也不少"的庄严承诺，创造了"百万大搬迁""一步跨千年"的历史奇迹。云南省地区生产总值和城乡居民收入提前实现比 2010 年"翻一番"的目标，其中，地区生产总值于 2016 年提前实现"翻一番"目标，城镇、农村居民收入分别于 2018 年、2016 年提前实现"翻一番"目标。"十三五"规划确定的 28 个经济社会发展主要指标，绝大多数已经完成或超额完成。城镇化进程加快，4 年间常住人口城镇化率提高了近 6 个百分点。5 年来，顺应各族人民对美好生活的向往，云南不断增投入、保基本，补短板、兜底线，建机制、促公平，经济发展更具民生温度。大幅压减的行政经费被投入民生和社会事业，财政民生支出占比一直保持在 70%以上。幼有所育、学有所教、病有所医、老有所养、住有所居、弱有所扶持续得到加强。2019 年，全省居民人均可支配收入 22082 元，同比增长 9.9%，增速高于全国平均 1.0 个百分点；全省居民生活消费支出 15780 元，同比增长 10.7%，增速高于全国平均 2.1 个百分点；城镇、农村常住居民人均收入分别达 36238 元、11902 元。

5 年中，云南省扎实推进生态文明建设，九大高原湖泊实现从"一湖之治"向"流域之治"的彻底转变，洱海水质下滑趋势得到了根本性遏制，实现水质稳定向好；滇池水质持续改善，草海水质连续两年稳定在Ⅳ类，为 30 年来最高水平；全省劣Ⅴ类水质湖泊由 2015 年的 4 个减少到目前的 1 个。森林覆盖率达到 62.4%，天然草原综合植被覆盖率达 87.9%；州市政府所在地城市空气质量优良天数比率达 98.6%，空气质量指标连续 3 年达到国家二级标准，蓝天白云成为云南"标配"，生态文明建设排头兵和中国最美丽省份建设迈出坚实步伐。到 2019 年底，全省城镇污水处理率达 92.8%，省级及以上工业园区全部建成污水集中收集处理设施，地级城市建成区黑臭水体整治消除率达 100%，滇池流域、洱海流域率先实现污水收集处理全覆盖；建成

生活垃圾填埋场 128 座,实现了所有县(市、区)全覆盖,无害化处理率达
98.5%。全省湿地总面积 61.4 万公顷,已建设国家湿地公园 18 处,全省自然
湿地保护率为 52.96%。

习近平总书记强调,"云南经济要发展,优势在区位,出路在开放"。
"十三五"期间,云南主动服务和融入长江经济带、泛珠三角区域合作、西
部大开发、大湄公河次区域合作、孟中印缅经济走廊等国家发展战略,抓住"一
带一路"建设机遇,启动建设中国(云南)自由贸易试验区,改革开放翻开
新的一页,中国(云南)自由贸易试验区改革创新多点突破,开放型经济改
革持续发力,106 项国家改革试点任务全部形成工作方案,23 项国家试点
和 11 项省级试点改革任务取得突破,办理"证照分离"许可事项 5385 件,
3 个片区增量市场主体达 2.17 万户,实际使用外资 2.2 亿美元,占全省实
际利用外资总额的 92%。聚焦体制机制创新,让政府自身革命走深走实,
全省"放管服"改革不断深化。政策沟通、设施联通、贸易畅通、资金融通、
民心相通,彩云之南开放的大门越来越大,开放的步伐越来越快,开放的领
域越来越宽。

2016 年至 2019 年,云南省进出口总额由 199.99 亿美元增长至 336.92 亿
美元;截至 2019 年,设立境外投资企业 852 家,累计直接投资 113.7 亿美元,
涉及 61 个国家和地区。2015 年以来,全省累计新引进 42 家世界 500 强企业,
外来投资总量 4.3 万亿元,其中外资 65.3 亿美元。云南省与 35 个国家缔结
了 96 对国际友城关系,与 9 个国家建立了 11 个双边地方合作机制;建成 7
大类,17 个开发开放合作功能区,拥有 18 个国家一类口岸。中越、中老、
中缅国际通道高速公路云南境内段全面建成通车,铁路建设全面加快,通航
点数居全国前列,澜沧江、湄公河国际航运通道实现了集装箱运输零突破。
目前,云南与 800 多家境外银行机构畅通跨境清算渠道,跨境人民币业务覆
盖境外 90 多个国家和地区,累计结算额突破 4800 亿元。[①]

---

① 云南"十三五"经济社会发展综述——蹄疾步稳谋发展笃行致远开新局 [N]. 云南日报,
2020–11–25.

二、全面优化的产业结构

紧紧围绕与全国同步全面建成小康社会和全国民族团结进步示范区、生态文明建设排头兵、面向南亚东南亚辐射中心建设，努力实现新的目标要求，推动跨越式发展。经济保持中高速增长。从产业结构占比的变化趋势来看，从2015年到2019年，云南省第一第二产业占比有所下降，第三产业占比从45.1%显著增长到52.6%，发展平衡性、包容性、可持续性持续提升，经济总量和质量效益全面提升，城乡居民收入增长幅度高于经济增长幅度，农村居民收入增长幅度高于城镇居民收入增长幅度。户籍人口城镇化率加快提高。

遵循自然规律、经济规律和社会规律，按照"做强滇中、搞活沿边、联动廊带、多点支撑、双向开放"的发展思路，云南省以昆明中心城区和滇中新区为核心，以滇中城市经济圈、沿边开放经济带以及参与国家"孟中印缅"和"中国—中南半岛"经济走廊建设为重点，以澜沧江开发开放和金沙江对内开放合作经济带为重要组成部分，以六个城镇群为主体形态，加快构建"一核一圈两廊三带六群"全省经济社会发展空间格局。其中昆明市坚持"两型三化"发展方向，基于大生态、依托大数据，重点发展大健康、大旅游、大文创，围绕八大产业和全市188重点产业发展，突出昆明优势和特色，产业结构持续优化，由2015年的4.3∶35.1∶60.6调整为2020年的4.6∶31.2∶64.2，形成了"三二一"产业结构；昆明高原特色都市现代农业不断壮大，形成了绿色化、专业化、组织化、市场化、品牌化产业体系，斗南花卉交易市场成为亚洲最大的鲜切花交易基地；在工业经济领域，昆明从烟草"一枝独大"的产业格局向先进装备制造、新能源、新材料、数字经济等产业转型升级，电子信息制造业取得新的突破。

旅游业方面，不断做大、做强、做精、做优滇西北香格里拉生态旅游区、滇西边境旅游区、滇西南澜沧江—湄公河国际旅游区、滇东南喀斯特山水文化旅游区、滇东北红土高原旅游区。加快建设昆玉红旅游文化产业经济带和金沙江沿江旅游经济带。推动观光型旅游向休闲、度假、康体、养生、养老等复合型旅游转变，建设一批休闲度假、温泉疗养、装备制造、自驾旅游、户外运动、边境跨境旅游等新业态。强化旅游景区景点规划，规范旅游市场秩序。探索发展"智慧旅游"、旅游电子商务、旅游中介服务。开发建设以商务旅游、休闲客栈、康体养生、文化体验、高山峡谷探险等为主要内容的高端旅游产品。打造丽江古城、"三江并流"、哈尼梯田等五大世界遗产地，建设西双版纳、阳宗海等 5 个国家级旅游度假区，20 个省级旅游度假区，继续建设 100 个精品旅游景区，培育 50 个旅游节庆和演艺品牌，建设 100 个旅游城镇和旅游小镇。改善乡村旅游休闲基础设施，把乡村旅游打造成惠农富农的新兴产业。云南省接待海内外游客从 2015 年的 3.30 亿人次增加到 2019 年的 8.07 亿人次，文旅总收入由 4181.79 亿元增加到 12291.69 亿元，分别年均增长 25.3% 和 30.9%，完成"十三五"规划目标的 132.76% 和 122.91%，旅游产业增加值 2758.80 亿元，完成"十三五"规划目标的 110.35%。

文化产业方面，加快发展文化创意和设计服务业、新闻传媒业、出版发行印刷业、歌舞演艺业、影视音像业、文化休闲娱乐业、文化信息传输业、"金木土石布"民族民间工艺品业、珠宝玉石业等文化产业。建设一批国家级或省级文化产业园区和基地，以及国家藏羌彝文化产业走廊。云南省通过一系列政策实践持续提升非遗保护和宣传展示水平，促进非遗与旅游融合发展，分别建立了省、州（市）、县（市、区）项目和传承人资料档案，建立了全省非遗保护数据库，将项目和传承人资料录入数据库进行完整保存。通过建立"云南省非物质文化遗产保护网"，运用数字化多媒体方式实施国家级非遗代表性传承人抢救性记录工作 6 批，涉及 54 位国家级非遗代表性传承人，截至 2021 年已有 28 位传承人的抢救性记录项目成果通过验收，其中有 5 位传承人的抢救性记录项目成果被文化和旅游部非遗司评为优秀。"金木土石布"为核心的民族民间工艺品特色产业得到大力发展，建水紫陶、鹤庆银器、个旧锡器、剑川木雕、开远根雕等具有浓郁地方特色的民族民间工艺品年产值均在 10 亿元以上，大幅增加了农村群众收入。以云数传媒公司输出中国 DTMB 技术标准、《吴哥的微笑》旅游演艺项目、金边中国文化中心为代表，云南文化企业成功走向南亚东南亚国家。全省累计 22 家企业入选国家文化出口重点企业，26 个项目入选国家文化出口重点项目。昆明市创建成为"国家文化出口基地""国家文化和科技融合示范基地"。云南文博会、七彩云南赛装文化节等成为云南文化产业的重要展示窗口和交易平台。在文旅产业领域，扶持一批小微文化企业，建设特色文化产业示范村（街区）。建成20个年产值上亿元的文化产业园区，培育200户主营业务收入上亿元的文化企业，培育2~5户在主板、创业板或新三板上市的龙头企业，促进云南文化产业的整体实力显著提升。文旅产业增加值由1288.31亿元增加到3430.97亿元，年均增长27.7%，完成"十三五"规划目标的107.22%，占全省第三产业增加值（12224.55亿元）的28.1%，占全省生产总值（23223.75亿元）的14.8%，完成"十三五"规划目标的96.02%。

健康服务业方面，云南省大力发展医疗、护理、健康养老、健康保险、中医药医疗保健、健康体检和咨询、健康文化等健康服务。创建国家级（户外运动）体育产业园区，打造高高原区、高原区、亚高原区、低海拔区体育基地，优先建设昆明、丽江、普洱、富宁、会泽5个高原体育基地，打造20个带动全民健身和体育旅游的品牌赛事，建设生态绿道体系和特色康体运动项目。到2020年，健康服务业总规模达到2000亿元以上。在《"健康云南2030"规划纲要》的战略规划下，云南省在优化健康服务、完善健康保障和发展健康产业方面为健康服务业的进一步发展进行了探索。

一个地区工业化程度的高低也决定着这个地区经济水平的高低，通过政府宏观调控，云南省经济总量在不断扩大，全省企业的经济效益也在持续增长，三大产业结构不断优化，科技创新能力也上了台阶。产业结构迈向中高端。发展空间格局得到优化，产业发展质量和效益明显提高，投资效率和企业效率明显上升，工业化和信息化融合发展水平进一步提高，产业转型升级取得新突破，新产业新业态不断成长，高原特色农业现代化取得明显进展，现代服务业加快发展，具有云南特色的现代产业体系更加完善。

加快推进产业发展一体化，加快培育战略性新兴产业，加强产业对接和整合，引导优势生产要素聚集，积极培育新材料、先进装备制造、节能环保、现代生物、新能源汽车、电子信息等战略性新兴产业。巩固提升传统优势产业，促进烟草、有色金属、钢铁、煤炭等产业改造升级，继续做强电力交换枢纽。大力发展旅游文化、金融、现代物流、健康养生、咨询服务等现代服务业。发展高原特色农业，建设外销精细蔬菜生产基地、温带鲜切花生产基地和高效林业基地。健全产业合理分工的利益补偿和分享机制，大力推进昆曲绿色经济示范带和昆玉红旅游文化产业经济带建设，加快构建分工协作、优势互补、差异竞争、合作共赢的产业发展新体系。推动大众创业、万众创新，释放新需求，创造新供给，推动新技术、新产业、新业态蓬勃发展。推动产能过剩企业开展跨区域、跨所有制兼并重组，开展国际产能合作，推动钢铁、水泥等行业走出国门，有效化解过剩产能。到 2020 年，产业结构不断优化，农产品加工转化率超过 70%。

顺应国际产业结构调整、国内消费升级新变化和科技进步新趋势，依靠科技进步和体制机制创新，努力构建"开放型、创新型和高端化、信息化、绿色化"的云南特色现代产业体系。"十三五"时期，云南不断推动生物医药和大健康、旅游文化、信息等八大重点产业高质量发展，部署打造世界一流的绿色能源、绿色食品、健康生活目的地"三张牌"，全力建设"数字云南"，依托绿色能源优势推动绿色制造强省建设，走出了一条现代产业发展之路。

以开放型为引领，拓展产业发展空间。主动参与国际国内产能和装备制造合作，瞄准培育和做强主导产业，积极承接产业转移，加快开放合作载体、机制平台建设，构建内外联动、互为支撑的开放型产业新格局。以创新型为关键，加快产业动力转换。聚焦产业发展前沿、核心和关键技术问题，加快推进科技创新；聚焦产业发展制度障碍问题，深入推进体制机制创新；聚焦产业发展路径问题，加大重大技术改造升级，推进产业创新、产品创新、业态创新、企业创新、市场创新和管理创新。以高端化为标杆，提高产业市场竞争力。

实施质量强省战略，推进质量和品牌提升行动，深入开展"中国制造2025"云南行动计划，支持发展智能制造，大力培育发展战略性新兴产业，促进产业提质增效，推动产业迈向中高端。

以信息化为支撑，促进产业融合发展。"十三五"期间，云南省用数字经济持续赋能产业高质量发展。加快信息基础设施建设，开发信息新技术和新产品，推动信息化与工业化深度融合，提高信息化应用水平，大力推广"互联网 + 产业"，加快培育基于互联网的新业态新模式，大力发展信息产业经济。以绿色化为根本，推动产业可持续发展。构建科技含量高、资源消耗低、环境污染少的产业结构和生产方式，加快发展绿色产业，实现产业发展、资源开发和环境保护的有机统一、相互促进、和谐共赢。切实发挥市场配置资源的决定性作用，推进供给侧结构性改革，以创新驱动产业转型升级，壮大服务业，培育优势工业，促进农业现代化，推进产业协同发展，打造长江上游的重要经济增长极。例如云南金沙江的开放合作经济带规划：

（一）增强创新能力

完善创新体系。引进和整合区域创新资源，促进创新资源流动和创新成果交流。进一步发挥产业园区技术集聚与引领作用，积极参与长江经济带资源富集地科学开发利用示范区建设。新建工程（技术）研究中心、工程实验室、国家（部门）重点实验室等创新平台，建设面向企业的公共科技服务平台。加强企业技术中心建设，培育技术创新示范企业。支持骨干企业联合高校、科研机构、行业协会组建产业技术创新战略联盟，共建科技成果产业化试验平台。

激发创新创业活力。加强科技成果转化引导基金、新兴产业创业投资基金联动，充分利用移动互联网引导金融资本和社会资本支持创新创业。充分利用云计算、大数据、电子商务等新技术新模式降低全社会创新创业门槛和成本。搭建创新创业服务互联网平台，建立创新创业综合数据资源库和专家库，推进现有工作平台和互联网平台无缝对接。推动建设创新创业服务基地，支持科技工作者创新创业基地、创业孵化基地建设。鼓励大众创业、万众创新，加快建设一批众创空间。深入实施大学生创业引领计划，支持返乡创业人员因地制宜开展创业。

（二）壮大服务业

1. 旅游文化产业

建设金沙江沿江旅游经济带。以沿江综合交通体系为依托，以沿线景观为载体，以川滇省际边界地区旅游资源为支撑，以民族地域人文为内涵，着力构建香格里拉（虎跳峡）—昭通（大山包）—宜宾（蜀南竹海）—乐山—重庆休闲旅游黄金走廊，打造滇东北金沙江追忆革命"红色旅游线"、金沙江高峡平湖水上"蓝色旅游线"、滇西北大理—丽江—迪庆生态"绿色旅游线"、川滇藏大香格里拉"天堂旅游线"、乌蒙山"喀斯特地质地貌旅游线"、东川"泥石流越野运动特种旅游线"等精品线路，形成金沙江沿江黄金旅游景观带。不断完善基础设施，促进旅游产业与其他产业融合发展，打造"险、壮、幽、秀"的金沙江旅游品牌，建成长江上游精品旅游示范带。

建设香格里拉生态文化旅游区。立足生态和民族文化资源优势，结合大香格里拉生态旅游区建设，不断加强旅游合作，提升丽江古城世界文化遗产旅游地、香格里拉普达措国家公园等旅游区的国际影响力，积极推进国家公园建设，将香格里拉旅游区打造成为世界级生态文化旅游区。

建设高峡平湖旅游区。以金沙江梯级电站形成的高峡平湖景观为依托，完善沿江交通和旅游配套基础设施，积极开发金沙江电站旅游、水上旅游、高峡平湖等旅游产品。结合水电移民搬迁，建设一批临江旅游城市，打造一批特色旅游城镇和村落。将高峡平湖旅游区建设成为川滇渝黔旅游集散地，打造集休闲、度假、观光、养生、科考、探险于一体的旅游目的地。

拓展旅游业发展空间。结合自然风光、库区建设、温泉资源，发展以养生养老产业为重点的大健康产业。以健身休闲和观赛参赛等体验活动为重点，依托山、水、林、路、田园、城镇、村落打造精品体育旅游线路。不断创新开发旅游新业态，开展沿江特色风光、生态田园、特色农业庄园观光旅游，依托石鼓渡口、皎平渡等发展红色旅游，依托藏文化、纳西文化、摩梭文化、堂琅文化等民族传统文化建设一批文化创意产业园区，打造民族文化品牌，促进文化旅游融合发展。

2. 现代物流业

依托以金沙江黄金水道为纽带的综合交通运输走廊，重点在昭通、昆明、丽江和迪庆等港口、铁路货场和集装箱中心站、航空枢纽、公路货运枢纽，推进一批商贸物流基地、现代物流示范园区、空港物流园区和物流中心等重大项目建设。依托金沙江沿线地区优势和特色农产品产业发展，布局建设粮食等大宗农产品和特色农产品交易市场、区域配送中心及冷链物流设施，完善农产品产销链条，建立联系长江沿江省（区、市）、跨区域的农产品物流体系。加快区域内物流公共信息平台建设，促进区域、行业间信息资源共享。大力发展电子商务物流，推进快递业基础设施网络建设。加强沿江县乡物流分拨中心、公共配送中心和末端配送站点等配送设施建设，构建城乡配送网络体系。

3.金融和信息服务业

金融服务业。引导和鼓励金融机构在经济带设立分支机构，创新金融服务产品，提高金融对中小企业、农村的服务能力。鼓励信誉良好的信托公司和金融租赁公司开展业务，大力支持发展专业化产业投资基金和股权投资企业。推进金融基础设施及信息化建设，推动网上银行、电话银行、手机银行等新业务快速健康发展。鼓励设立企业信用保证保险基金，深化"三农金融"改革发展，提高金融精准扶贫能力，实现普惠金融服务。

信息服务业。实施"互联网＋"行动计划，大力发展农村电商、行业电商，利用互联网提高农业生产、经营、管理和服务水平。推进互联网与新型工业融合发展，提升制造业数字化、网络化、智能化水平，推动产业链协作。云南人口库、法人库等基础数据库建设初见成效，矿山、农业等资源数字化成果不断涌现，中国林业"双中心"等初步实现服务全国；建成5G基站1.2万个，光缆线路长度、4G基站数均居全国第9位，数字工业、数字能源、数字金融等快速推进，引导5000余户企业"上云上平台"。加快大数据、云计算、互联网、物联网和地理信息等技术在政务、民生和产业发展等领域的应用，加快能源、交通、物流等基础设施的智能化改造，加强基于互联网的医疗、健康、养老、教育、社会保障、旅游、文化和金融等信息服务。

三、持续深化的对外开放与合作

云南是一个少数民族聚集的地方，且靠近东南亚、南亚等国家，地理位置相对复杂，这一定程度上有助于云南本地的对外开放，但由于周边国家经济实力不是很强，基础设施不是很发达，一定程度上限制了云南的对外开放。面向西南开放的重要"桥头堡"、长江经济带、大湄公河次区域（GMS）、孟中印缅经济走廊、"一带一路"、沿边金融综合改革实验区、西南边疆民族地区，这些都是云南省的身份标签。云南省不同于其他省市地区的一个重要因素是，云南省有利于理顺省级和国家级扶持政策的脉络，消除政策冲突，减少政策重叠，充分利用多种扶持政策，集聚政策合力，以推进云南省沿边开放和经济发展。所以，连接相邻省区、周边国家的互联互通能力大幅提升，开放平台和机制进一步健全，各类开放合作功能区基本建成，国际产能和装备制造合作全面加强，服务和融入国家重大战略的能力显著提高，面向南亚东南亚辐射中心建设取得重大进展，开放型经济建设才能取得明显成效。

主动服务和融入国家"一带一路"建设，积极推动铁路、公路、航空等互联互通基础设施建设，加快推进云南省与南亚、东南亚国家的国际产能和装备制造合作，发挥好在"孟中印缅"和"中国—中南半岛"经济走廊建设中的主体省份作用。

（一）积极参与国家"孟中印缅"经济走廊建设

面向印度洋，以中缅铁路、公路等国际运输通道为依托，打造以昆（明）保（山）芒（市）瑞（丽）为主轴、以保山—腾冲（猴桥）—泸水（片马）和祥云—临沧—孟定（清水河）为两翼的对外开放经济带。以沿线节点城镇为支撑，以互联互通、投资贸易、产业发展、能源资源、人文交流等为重点，以瑞丽国家重点开发开放试验区、临沧边境经济合作区、腾冲边境经济合作区、瑞丽跨境经济合作区等为平台，创新开放合作机制和模式，推动自由贸易协定签署和"孟中印缅"自由贸易区建设，全面推进与沿线国家和地区特别是南亚国家的交流与合作，积极参与国家"孟中印缅"经济走廊建设，全面提升云南西向开放合作的层次和水平。

（二）积极参与"中国—中南半岛"经济走廊建设

面向太平洋，以中越、中老铁路、公路等国际运输通道为依托，以建设昆（明）磨（憨）、昆（明）河（口）经济带为抓手，以沿线节点城镇为支撑，以旅游文化、农业发展、轻工产品、绿色经济和人文交流等为重点，以勐腊（磨憨）重点开发开放试验区、昆明综合保税区、红河综合保税区、河口跨境经济合作区、磨憨跨境经济合作区等为平台，争取实现中越准轨铁路连通，积极参与大湄公河次区域合作，全面推进与东南亚国家的交流与合作，积极参与"中国—中南半岛"经济走廊建设，全面提升云南南向开放合作的层次和水平。

（三）扩大开放稳外贸稳外资

及时发布云南省新时代深化和扩大对外开放政策要点。研究并细化落实人员、车辆、货物、资金进出境便利化举措，推动跨境旅游、跨境物流、跨境结算取得突破性进展。研究出台创新性措施，全力支持建设中国（昆明）跨境电商综合试验区，支持边境口岸发展跨境电商产业。以打造世界一流"三张牌"为重点，巩固扩大南亚东南亚市场，加快拓展"一带一路"沿线国家、中东、欧洲、澳洲等市场。探索实行预约通关制度，持续推动中国（云南）国际贸易"单一窗口"建设，力争业务综合应用率达85%，全省口岸进出口额突破300亿美元。加快推进跨境动物疫病区域化管理试点，做大做强跨境肉牛产业。创新发展边民互市贸易。积极参与中缅经济走廊、中老泰经济走廊建设，大力推进跨境经济合作区、境外工业园区、铁路公路互联互通项目建设。积极参与境外能源资源合作开发和能源基础设施建设，带动能源技术、装备"走出去"。全面落实外商投资负面清单，持续推广自贸区可复制经验。继续对进口国际先进技术、关键装备及零部件的省内企业，在享受现有政策的基础上，按项目主体设备（包括技术、软件等）投资额的5%给予补助，最高不超过100万元。完善经济带开放合作平台和机制，加强对内对外合作，不断拓展合作领域开放型经济，丰富合作形式，推动开放向县域延伸，大力发展加快形成开放合作新局面。以云南澜沧江开发开放经济带为例加以说明。

1. 加强对内区域合作

积极参与泛珠三角区域合作，提升与国内其他省（区、市）合作水平。以临沧国家边境经济合作区、孟连（勐阿）边境经济合作区、勐腊（磨憨）国家重点开发开放试验区开放平台及国家、省级产业园区等为载体，优化投资环境，加大招商引资力度，加快集群式、产业链承接步伐，重点引进牵动力大、带动力强的大项目、大企业，吸引生物制药、新材料、电子信息、纺织服装、玩具、日化用品、装备制造等产业进入园区。深化上海对迪庆、普洱、保山、西双版纳的对口帮扶与经济合作。打破行政区划藩篱，推进毗邻州、市、县、区合作建设产业园区，创新考核和利益分配机制，共享发展成果。

2. 深化对外开放合作

积极参与中国—东盟自由贸易区、中国—中南半岛经济走廊、孟中印缅经济走廊建设和大湄公河次区域合作，依托云南—老北、云南—泰北、云南—缅甸双边合作机制，深化重点领域合作。建设澜沧江—湄公河沿岸国家跨境旅游带，打造景洪—琅勃拉邦—清迈—景栋"金四角国际旅游圈"。积极开展农业优良品种选育、实用技术推广、农产品深加工等合作。开展人文交流合作，实施非通用语种人才培养、合作办学、汉语推广和小语种教育等项目。发挥大理、西双版纳、普洱、临沧等地医疗资源优势，联合先进省（区、市）共同向周边国家提供医疗技术指导服务，建立传染病及突发卫生事件联防联控机制。大力实施走出去战略，探索建设境外粮食、天然橡胶、咖啡和甘蔗等农产品生产基地，鼓励经济带企业参与建设或入驻境外产业园区和经贸合作区，参与南亚东南亚基础设施和产业发展的规划、投资和建设。

加快建设临沧国家边境经济合作区和勐腊（磨憨）国家重点开发开放试验区，积极争取国家批准设立孟连(勐阿)国家级边境经济合作区、中国磨憨—老挝磨丁跨境经济合作区、景洪综合保税区。积极参与南博会，举办边境交易会等开放型会展。提升对外开放合作平台功能，有力支撑经济带与南亚东南亚的开放合作。

3. 加快外贸转型升级

扩大货物贸易规模。鼓励进口矿产品、油气等国内短缺资源，扩大粮食、蔬菜、水果、鲜活产品等进口。巩固建材、轻工、通信设备等传统优势产品出口规模，积极扩大工程机械、成套设备、汽车汽配等产品出口。提高服务贸易比重，鼓励工程承包、咨询、技术转让、信息技术等服务贸易出口。建设出口加工贸易基地，延伸产业链，提高产业层次，推进加工贸易体系向本地增值、本地配套、本地企业为主体的方向转变。大力发展边民互市贸易，提高边民互市规模和水平。推动实体贸易平台由"线下"向"线上"延伸，促进跨境电子商务快速发展。

四、高质量的新型城镇化发展

城市化是一个国家和城市发展到一定程度所必须经历的一个阶段，云南虽然在城市化程度上得到了一定发展，且涌现出了一批特色小镇，但由于云南城市规模小，城市集聚功能弱，其城市化水平还有待提高。全力推进昆明中心城区与滇中新区融合发展，加快形成全省最具活力的增长核心。

（一）提升昆明中心城市功能

着力提升昆明作为全省政治、经济、科技、文化、金融、创新中心的作用，努力把昆明建设成为面向南亚东南亚的区域性国际中心城市。着力加强昆明市与曲靖市、玉溪市、楚雄州、红河哈尼族彝族自治州（以下简称红河州）互联互通基础设施网络建设，重点推进城际间快速轨道交通建设，促进各种运输方式有效衔接，努力将昆明市建设成为全国性和我国面向南亚东南亚区域性综合交通枢纽。

"十三五"期间昆明以"五网建设"为重点，不断完善基础设施。长水国际机场年旅客吞吐量位列全国第六，开通国内航线304条、国际（地区）航线92条，与南亚、东南亚通航城市达45个，位列全国首位。沪昆高铁、云桂铁路建成通车。公路总里程突破2万千米，高速公路通车里程突破1000千米。地铁运营总里程达139千米，机场、高铁站、火车站与多种交通方式实现便捷衔接，助力滇中、融入国内、联通周边、接轨国际的综合交通枢纽基本成型。

充分发挥昆明市人才资源和各类创新平台集聚的优势，大力发展高新技术产业，全面提升创新能力，打造区域性产业创新中心。充分考虑滇池盆地资源环境承载能力，向外转移和扩散重化工业和一般加工业，腾出空间重点发展战略性新兴产业和现代服务业。着力提高昆明城市规划、建设和治理能力，改善城市人居环境，建设开放型、国际化城市。到2020年，昆明中心城市人口超过800万人。

（二）加快推进滇中新区建设

有机融入昆明城市发展，坚持高标准规划、高起点建设、分步骤实施，把滇中新区建设成为中国面向南亚东南亚辐射中心的重要经济增长点、西部地区新型城镇化综合试验区、全省战略性新兴产业集聚区和高新技术产业创新策源地。

云南省持续推进交通、水利、能源、信息网络等基础设施建设，重点推动昆明主城区的交通走廊向安宁片区、嵩明—空港片区延伸。依托安宁工业园区、杨林经济技术开发区、昆明空港经济区等重点园区，加快发展现代生物、先进装备制造、新一代信息技术、新材料、节能环保、新能源等战略性新兴产业和以金融、现代物流、健康服务、文化创意等为重点的现代服务业。突出产城融合发展，完善市政配套设施和生活服务设施。创新体制机制，搭建开放合作平台，完善政策措施，推进形成支持新区建设的良好氛围。

统筹城镇规划建设，推动城镇群内部各城镇之间的互动发展，将城镇群建设成为"四化"同步发展、集聚人口及各类生产要素的核心区。

（三）重点发展滇中城市群

"十三五"期间，云南省不断加快推进滇中城市群一体化发展步伐，滇中城市群城镇化水平、人均地区生产总值等经济社会发展主要指标均高于全省平均水平。2019年，云南省滇中城市群以全省28.3%的国土面积，集聚了全省60.68%的地区生产总值，比2015年提高了3个百分点；城镇化率为58.94%，高于全省平均水平10个百分点，滇中城市群已成为推动云南省经济社会实现高质量发展的龙头和引擎。进一步加快建设昆明省域中心城市，曲靖、玉溪、楚雄区域性中心城市，安宁、晋宁、嵩明、宜良、富民、石林、马龙、宣威、澄江、易门、禄丰等中小城市，以及小城镇构成的四级城镇体系，推动大中小城市协调发展，不断增强城镇承载能力和可持续发展能力，打造滇中城市群1小时经济圈，把滇中城市群建设成为全国城镇化格局中的重点城市群，全省集聚城镇人口和加快推进新型城镇化的核心城市群。到2020年，户籍人口城镇化率达到50%。

（四）加快发展滇西和滇东南城镇群

加快发展以大理为中心，以祥云、隆阳、龙陵、腾冲、芒市、瑞丽、盈江为重点的滇西次级城镇群，将滇西城镇群建设成为国际著名休闲旅游目的地，支撑构建"孟中印缅"经济走廊的门户型城镇群。到2020年，户籍人口城镇化率达到40%。

加快发展以蒙自为中心，以个旧、开远、建水、河口、文山、砚山、富宁、丘北为重点的个开蒙建河、文砚富丘滇东南次级城镇群，将滇东南城镇群建设成为云南省面向北部湾和越南，开展区域合作、扩大开放的前沿型城镇群和全省重要经济增长极。到2020年，户籍人口城镇化率达到40%。

（五）培育发展滇东北、滇西南、滇西北城镇群

积极培育以昭阳、鲁甸一体化为重点的滇东北城镇群，将滇东北城镇群建设成为长江上游生态屏障建设的"示范区"，云南连接成渝、长三角经济区的枢纽型城镇群。到2020年，户籍人口城镇化率达到30%。

加快培育以景洪、思茅、临翔为重点的滇西南城镇群，将滇西南城镇群建设成为全国绿色经济试验示范区，云南省最具民族风情和支撑构建"孟中印缅"和"中国—中南半岛"经济走廊的沿边开放型城镇群。到2020年，户籍人口城镇化率达到35%。

加快培育以丽江、香格里拉、泸水为重点的滇西北城镇群，将西北城镇群建设成为国家重要的生态安全屏障区，联动川藏的国际知名旅游休闲型城镇群。到2020年，户籍人口城镇化率达到30%。

（六）创新城镇发展模式

保护耕地引导城镇上山。遵循云南省自然地理特征，转变建设用地方式，充分利用低丘缓坡土地，引导城镇、村庄、工业向适建山地发展，创造富有云南特色的山水城镇、田园城镇、山地城镇发展新模式。区域协调促进协同发展。在新型城镇化进程中，应加强区域间产业融合调整，创新城镇空间发展模式。优化国土开发，形成相邻城镇间优势互补的空间优势，促进其一体化发展。密切区域合作，强化功能分工，发挥比较优势，打造多城镇间整体协调、互利共赢的可持续发展空间结构，加快推进麒沾马、昭鲁、个蒙、文砚、禄武等同城化进程，促进芒市瑞丽、大理祥云、楚雄南华、普洱宁洱等一体化发展。突破相关行政体制，在区域内城镇之间实行基本公共服务均等化，实施有利于人口流动的户籍制度，推进社会一体化发展。

保护生态拓展城镇空间。城镇空间拓展应不破坏自然环境、人文环境和生态环境，把资源节约和生态环境保护放在城镇发展的首要地位。城镇空间拓展的用地必须符合城市资源环境承载力的要求，严格控制不规范建设。尽量避免削峰填谷进行城镇空间拓展，并加强自然灾害评估。在城镇拓展空间不足时，应跳出小区域，在外围寻找城镇良性发展的拓展空间。优化空间布局引导城镇组团发展。云南省大部分城镇空间拓展受自然因素影响，如山体、河流等的阻隔。在城镇建设过程中，应保护好有限的坝区土地资源，优化城镇空间布局，引导城镇组团发展，形成有机疏散成组成团的地域形态。各组团间以河流、山岭、冲沟、农田等自然物间隔，各自保持相对的独立性，就近生产生活，有效避免城镇摊大饼式发展。

（七）促进重点城镇功能升级

积极稳妥推进县改市，加大县级城市的公共服务功能。县级城市具有承上启下的作用，其发展要分类指导，突出特色，其中与大中城市群比较近、经济联系较为紧密的县级市，鼓励其融入大中城市群协调发展；距离大中城市群比较远、发展独立性比较强的县级市，应该加大扶持力度，给予专项支持。以科学合理设置城镇行政区为切入点，积极稳妥推进云南省城镇行政区设置工作。

促进镇（乡）改街，村改居（村委会改为居委会或社区委员会），实现城乡统筹发展。促进有条件的镇（乡）改为街道办事处，村委会改为居委会，通过统一规划，发展地方经济，实现从"单向"的管理型政府向公共服务型政府转变，达到"统筹城乡、以城带乡"的目的，并通过城市反哺农村，缓解日益扩大的城乡差距。

促进重点城镇功能升级，试点新市镇建设。进一步强化和完善重点城镇的功能，特别是位于大城市郊区，具有一定人口规模并能为居民提供较完善的生活条件和充足的就业机会的城镇，促进其功能升级，使之成为产业创新的集聚区、百姓创业的集中区，最终成为具有较强集聚力和带动力的新市镇。促进发展基础好的小城镇升级为"新市镇"，积极开展试点新市镇建设，引导小城镇各项功能升级，并形成合理的产业结构，成为居民安居乐业的新型城镇。

（八）创新口岸型城镇发展模式

随着桥头堡战略的实施，云南在中国对外开放格局中地位日益凸显，云南口岸成为变化最为明显的区域。在云南省新型城镇化进程中，进一步创新口岸型城镇发展模式，成为边境口岸型城镇发展的必然趋势。

突出口岸产业发展。边境口岸型城镇发展具有得天独厚的地缘优势，充分利用国家赋予的特殊政策，以对外贸易带动各项产业发展迅速，促进边境口岸型城镇经济社会全面快速发展。推动重点边境口岸城镇跨越发展，加强口岸型城镇与毗邻国家"经贸多元"的合作，建立区域性物流枢纽、区域旅游服务中心、跨境经济合作区以及边境经济合作区。强化口岸与城镇功能互补。边境口岸型城镇应加强与口岸相邻国家城镇的密切联系，在完善口岸服务功能的同时，加强互联互通，使城镇功能与口岸功能相互融合、相互补充，推动口岸型城镇的发展。优化口岸城镇空间布局。口岸型城镇的发展应充分遵循地理特征，优化产业空间布局，其产业发展组团可依据资源分布现状、口岸地形条件，跳出地理单元，在其他区域进行布局，形成区域协调发展的新模式。深入推进农业转移人口市民化。按照尊重意愿、自主选择，因地制宜、分步推进，存量优先、带动增量的原则，以农民工、城中村居民、失地农民等农业转移人口为重点，兼顾高校毕业生、城镇间异地就业人口和城区城郊农业人口，统筹推进户籍制度改革和基本公共服务均等化。把促进有能力在城镇稳定就业和生活的农业转移人口有序实现市民化作为首要任务，突出以人为本，持续推进农业转移人口市民化工作。习近平总书记考察云南明确的新定位、赋予的新使命、提出的新要求，为云南在新的历史起点上推动实现跨越式发展提供了重大的历史性机遇；国家推进"一带一路"建设、长江经济带建设等重大发展战略为全省跨越式发展带来了重大的战略性机遇；国际经济和区域经济格局的深度调整为全省跨越式发展带来了重大的开放性机遇；国家新型工业化、信息化、城镇化、农业现代化同步发展和全面深化改革、全面推进依法治国为全省经济社会发展注入了强大的动力性机遇；国家继续实施西部大开发、加大脱贫攻坚力度为全省跨越式发展提供了难得的政策性机遇；全省"五大基础设施网络"建设的全面提速和"两型三化"产业升级方向的进一步明晰，为全省跨越式发展提供了强大的支撑性机遇。同时，"十三五"时期全省经济社会发展承载着既要如期脱贫、与全国同步全面建成小康社会，又要推动转型升级、跨越式发展的双重历史使命。

第二节　守护生态美之云南作为

2015 年和 2020 年习近平总书记两次赴云南考察，明确指示云南省要在全国强化生态文明建设的背景下，成为"全国生态文明建设排头兵"，云南省亦将生态文明建设作为工作中心，加强组织领导，完善制度支持，强化政策保障，落实指导责任。

生态文明制度体系不断完善。云南省通过颁行《关于努力成为生态文明建设排头兵的实施意见》《关于努力将云南建设成为中国最美丽省份的指导意见》《云南省全面深化生态文明体制改革总体实施方案》《关于贯彻落实生态文明体制改革总体方案的实施意见》等文件，基本构建云南省生态文明建设制度体系的"四梁八柱"。先后修订《云南省泸沽湖保护条例》《云南省阳宗海保护条例》，实现九大高原湖泊保护治理"一湖一条例"。先后出台《云南省国家公园管理条例》《自然保护区管理规范》等，2020 年 7 月 1日正式施行《云南省创建生态文明建设排头兵促进条例》，实现以立法的形式统筹、规范、约束生态文明建设活动和管理行为。

国土空间开发格局不断优化。云南省积极探索推动形成与主体功能定位相适应的生产空间、生活空间、生态空间差异化协同发展格局。截至"十三五"收官之时，云南省国土空间规划体系基本形成，开发保护质量和效率全面提升。重点生态功能区财政资金转移支付力度不断加大。科学长效的空间管理体系逐步建立，自然资源所有权确权登记、集体林权制度改革、集体土地所有权确权登记等工作有序开展。

产业绿色转型发展进程加快。云南省将绿色作为云南产业发展的鲜明底色，积极发挥生态环境保护引导、优化、倒逼作用，促进产业结构优化升级。2020 年，云南省第三产业占生产总值的比重达到 51.5%，成为经济增长的主要动力。绿色能源成为第一大支柱产业，非化石能源占一次能源消费比重42%，居全国首位；绿色能源装机、发电量分别高出全国平均水平约 46 个、67 个百分点。以绿色、低碳为引领，全省产业日益朝着绿色化、高端化、智慧化方向发展。

资源利用效率显著提升。云南省扎实推进绿色发展试点工作，促进园区循环化改造，将引导资源综合利用作为有力抓手，严格落实能源总量和强度"双控"制度，强化固定资产投资项目节能审查，不断提升能源利用效率。2020 年，云南省单位万元地区生产总值能耗较 2015 年累计下降 14.56%。通过落实最严格水资源管理制度，实行最严格耕地保护和节约集约制度，全省水资源利用效率持续提升，节约集约用地水平不断提高。

国家生态安全屏障更加牢固。"十三五"期间，云南省锚定建设全国生态文明建设排头兵的定位和目标，抓紧抓实国家生态安全屏障建设。2018 年，经国务院批准，云南省将国土面积的 30.90% 划定为生态保护红线面积，形成"三屏两带"基本格局，省域生态保护系统更加完善。通过实施林草重点生态工程，云南省森林、草原、湿地资源总量持续"三增长"，其中，森林面积、蓄积量居全国第二。2019 年《云南省生物多样性保护条例》出台，开创中国生物多样性保护立法的先河。与此同时，云南生物多样性保护结出累累硕果，相关指标位居全国第一。

生态环境质量全面改善。为守护好云南的绿水青山，云南省纵深推进蓝天、碧水、净土"三大保卫战"和九湖保护治理等 8 个标志性战役。5 年来，全省环境空气质量优良天数比率逐年提升，16 个地级城市环境空气质量连续 4 年达到国家二级标准。水环境质量持续提升，2020 年，全省地表水优良水体比例 83%，高于国家下达目标任务 10 个百分点。水源地保护攻坚战顺利收官，城市黑臭水体全部整治达标，长江经济带生态环境保护治理各项工作顺利推进，九大高原湖泊水质目标任务全面完成。土壤环境质量总体稳定，截至 2020 年底，受污染耕地安全利用率 81.2%、污染地块安全利用率100%，超额完成国家下达的目标任务。

一、三大保卫战

按照云南省委、省政府统一要求，全省 16 个州（市）迅速行动，以召开生态环境保护大会、党委全会，创建动员部署大会等形式，对打好污染防治攻坚战进行具体安排。

目前，云南省政府印发了打赢蓝天保卫战三年行动实施方案。全省"8个标志性战役"作战方案或实施方案已印发 4 个（城市黑臭水体治理、农业农村污染治理、固体废物污染治理、水源地保护攻坚战），其余 4 个攻坚战方案有 3 个（九大高原湖泊保护治理、生态保护修复攻坚战、柴油货车污染治理攻坚战）已上报省政府，以长江为重点的六大水系保护修复攻坚战作战方案正在抓紧制定。

云南省经济发展面临较大压力，打好污染防治攻坚战时间紧、任务重、难度大，全省各级各部门紧密配合，着眼解决突出环境问题，协调推进"三大保卫战"和"8 个标志性战役"，千方百计确保各项工作任务落地见效。

（一）蓝天保卫战

在大气污染防治方面，云南省人大颁布实施《云南省大气污染防治条例》，进一步完善了大气污染防治工作的法规体系。省环境污染防治工作领导小组办公室向 16 个州（市）政府印发《云南省打赢蓝天保卫战三年行动实施方案重点攻坚任务完成情况考评标准》，建立了各项任务内容可量化、可比较的评估体系。

全省各级政府及相关部门密切协同，着力抓实调整优化产业结构、调整优化能源结构、调整优化运输结构、优化调整用地结构、有效应对重污染天气、持续加强支撑和能力建设、严格落实各方责任 7 个方面重点工作。2020 年，云南省大气环境质量持续保持优良，在长江经济带中相比其他各省空气质量更优，环境空气质量优良率达到 99%。

（二）碧水保卫战

在实施水污染防治进程中，云南省生态环境厅派出洱海抢救性保护行动工作组、抚仙湖保护治理工作组现场督导，扎实推进九大高原湖泊水污染保护治理，洱海保护工作受到国务院大督查通报表扬。2018 年，全省 369 个地表水监测断面（点位）水质优良比例为 81.3%，其中纳入国家考核的 100 个断面水质优良比例为 79.0%，分别比 2017 年提升 0.8 个百分点、5.0 个百分点。26 个出境、跨界河流监测断面均达到水环境功能要求。县级以上集中式饮用水水源地专项行动发现的 497 个环境问题全部完成整治。完成 1019 个建制村农村环境综合整治、7655 个加油站地下油罐改造。较好完成国家"水十条"考核目标任务。

九大高原湖泊水质趋稳向好，抚仙湖、泸沽湖符合 I 类标准，水质良好；阳宗海、洱海符合 III 类标准，水质良好；滇池草海、滇池外海、程海（氟化物、pH 除外）符合 IV 类标准，水质轻度污染，滇池水质较上年提升，达到 30 余年来最高水平。全省州市级城市 46 个饮用水水源取水点水质均满足饮用水水源功能（III 类）的要求，达标率 100%；全省 179 个县级城镇集中式饮用水水源地取水点水质满足 III 类水质要求的有 177 个，占 98.9%。

（三）净土保卫战

随着净土保卫战的统筹推进，云南省土壤环境质量总体稳定。2018 年，未发生因耕地土壤污染导致农产品超标且造成不良社会影响的事件，未发生因疑似污染地块或污染地块再开发利用不当且造成不良社会影响的事件。

"土十条"各项重点工作任务稳步推进，动态更新并向社会公布土壤环境重点监管企业名单。建立了疑似污染地块名单和污染地块名录，全省129个县（市、区）全部建立疑似污染地块名单，16个州（市）全部建立污染地块名录。

全面开展土壤污染状况详查，采集农用地土壤及农产品样品5万余个，获得110余万个监测数据，按时向国家报送成果集成报告，详查质量控制居全国前列。强化涉重金属行业污染防控，加强农用地土壤环境管理，组织开展长江经济带固废大排查，有效控制环境风险。目前，全省30%产粮（油）大县（市）制定印发了土壤环境保护方案并实施，全省已完成2个并稳步推进13个土壤污染治理与修复试点项目。

截至2019年，长江经济带各省市中，云南省工业固体废物产生量为11126万吨，完成综合利用7247万吨，综合利用率为65.14%，在各省中数据显著好于其他长江中上游省市，生活垃圾清运量364.6万吨，无害化处理率为96.6%。

二、八大标志性战役

（一）九大高原湖泊保护治理攻坚战

全面落实河（湖）长制，按照保护优良湖泊、改善水质良好湖泊、加大力度治理污染湖泊的思路，多措并举，综合施策。强化流域空间管控和生态减负，共抓大保护，不搞大开发，严禁在生态保护红线内开展开发建设及经营活动。全面抓好环湖截污工程建设，加快雨污分流改造以及次干管、支管建设，建立科学运行的管理机制，既要建设好，又要运行好，确保已建设施充分发挥环境效益。加快推进抚仙湖流域山水林田湖草生态保护修复试点，加强泸沽湖旅游开发风险防控，提升精细化管理水平，确保两个湖泊水质稳定保持 I 类。完善滇池精准治污体系，加强牛栏江沿岸污染防控，到2018年底滇池草海水质稳定达到 V 类，到2020年滇池外海水质力争达到 IV 类（COD ≤ 50mg/L）。全面实施洱海抢救性保护"七大行动"，巩固环湖截污和生态环境保护"三线"划定成果，到 2019 年洱海湖心断面水质恢复至Ⅱ类。进一步消除阳宗海砷污染风险，综合防治周边污染，到 2020 年阳宗海水质达到Ⅲ类。加强程海流域内螺旋藻生产企业监管，确保生产废水"零排放"，到 2020 年程海水质达到Ⅳ类（pH 和氟化物除外）。推动星云湖和杞麓湖农业结构调整和生产方式转变，到 2020 年星云湖水质达到Ⅴ类（总磷 ≤ 0.4mg/L），杞麓湖水质达到Ⅴ类（COD ≤ 50mg/L）。全面实施异龙湖水体达标三年行动方案，确保 2019 年水质达到Ⅴ类（COD ≤ 60mg/L）b。为认真贯彻落实党中央、国务院决策部署和习近平生态文明思想，按照云南省委办公厅、省政府办公厅印发实施《云南省九大高原湖泊保护治理攻坚战实施方案》，切实履行河（湖）长制省级联系部门职责，全面支持以滇池、洱海、抚仙湖为重点的九大高原湖泊（以下简称九湖）保护治理工作，打好九湖污染防治攻坚战。

1. 监督重点

水环境质量改善。加强九湖及其主要入湖河流水质监测。定期调度分析九湖及其主要入湖河流水质状况，针对水质下降等情况，对九湖所在州（市）发出预警通报，督促地方及时查找、分析原因并采取有效措施，确保达到国家考核目标。

水污染源管控。加强九湖流域水功能区划、排污口设置管理、落实排污许可证制度以及污染物达标排放监管；开展九湖流域入湖污染物动态监管，指导督促九湖所在州（市）建立入湖污染物调查监测评价体系，开展流域污染源的系统调查、排查、登记和动态更新，掌握入湖污染物总量、构成及变化情况，确保保护治理措施科学精准有效。

任务措施落实。对九湖所在州（市）贯彻落实省委、省政府九湖保护治理攻坚战决策部署的重点任务和工程措施的建设和运行情况开展督查检查，查找问题并督促整改落实，确保取得实效。重点为九湖流域空间管控措施落实、控源截污体系建设和运行、入湖河道水环境综合整治、农业面源污染防治、湖滨缓冲带生态修复、内源污染治理等。

环境违法违规行为。监督九湖流域内违法设置废水排放口、未依法取得排污许可证排放水污染物、超过水污染物排放标准或超过重点水污染物排放总量控制指标排放水污染物、通过不正常运行水污染防治设施等逃避监管、配套设施不完善、污染防治设施运行不正常等行为。

2. 监督方式

环境准入。严格落实九湖流域"三线一单",共抓大保护,不搞大开发。加快推动生态保护红线、环境质量底线、资源利用上线和环境准入清单确定。配合国土空间管理部门科学划定生产空间、生活空间和生态空间,严格环评审批,控制流域开发强度,严禁在生态保护红线内从事不符合相关规定的开发建设经营活动。

风险防范。支持湖泊流域建立完善流域监测监控预警体系建设。开展九湖水质比对监测,结合常规监测数据分析研判当前水环境形势,完成九湖水环境现状报告。建设九湖水环境数据体系和动态管理系统平台,收集、调阅、校核九湖水质和污染源历史数据整理入库,指导建立入湖污染物调查监测评价体系,建设省级环境数据体系和动态管理系统平台,规范数据动态更新管理,完善数据管理工作机制,加强环境监管,为九湖水质预警和分析评估奠定坚实基础。

环境执法。按照《中华人民共和国环境保护法》及四个配套办法,严格执行九湖保护条例,强化依法治污、依法治湖。加强流域环境监管执法能力建设,建立起全方位、全时空和全覆盖执法体系,把实现网格化监管、差别化管理和动态鉴别等作为湖泊流域环境执法能力建设重点。建立和完善九湖保护治理综合行政执法机制,实现生态环境、水利、住建、林业、渔业等与公安的联动执法,形成全流域覆盖、部门协同、社会参与的联动执法新格局,严厉打击环境违法行为。

督察整改。围绕中央环境保护督察"回头看"九湖专项督察发现环境问题,全力支持地方党委政府做好整改工作,确保整改工作落实到位取得成效。切实履行省环境保护督察工作领导小组办公室职责,重点对滇池、洱海、抚仙湖等九湖流域地方党委政府对国家、省生态环境决策部署、贯彻落实情况加大督察力度,确保省级环境保护督察形成常态化、制度化。

科技支撑。强化对湖泊水环境特征、藻类生长和暴发规律、氮磷污染控制、水环境承载力等的基础研究。进一步实施关键技术研发、集成和示范,加大科技成果的转化力度，推广先进成熟的湖泊治理技术。加强省内外环保科技合作，引进湖泊保护治理领域高层次专家和科技团队，建立技术支持合作的长效机制。

3. 监督工作要求

全面履行洱海保护治理领导小组办公室职责。认真学习领会中央和省委、省政府关于洱海保护的文件精神，切实增强工作责任感和紧迫感。履行河（湖）长联系单位职责和洱海保护治理领导小组办公室职责，加强工作调研和工作检查，牵头组织抓好洱海生态环境问题整改工作落实。完善工作协调机制和加强技术支持，成立云南省生态环境科学研究院洱海研究中心，开展洱海保护基础调查研究，加强水质加密监测，根据工作需要协调组织召开领导小组专题会议。积极争取资金支持洱海保护治理。

建立工作机制。为确保工作落实到位，省生态环境厅将建立完善九湖监管工作督查、督办制度，负责对督查工作开展情况和督办事项处理情况进行落实。

（二）以长江为重点的六大水系保护修复攻坚战

重点开展长江流域生态隐患和环境风险调查评估，划定高风险区域，从严实施生态环境风险防控措施；优化长江流域经济带产业布局和规模，严禁接纳和新建污染型产业、企业项目；严格岸线开发管控，强化自然岸线保护，修复湿地等水生态系统，因地制宜建设人工湿地水质净化工程；配合实施流域水库群联合调度，保障干流、主要支流和湖泊基本生态用水；强化船舶港口污染防治，排查整治入河入湖排污口及不达标水体，制定实施限期达标方案。云南省水环境质量整体保持稳定，六大水系总体水质呈好转趋势。

2017 年，全省国控省控监测断面中水质达到或优于Ⅲ类标准的断面比例为 82.6%，26 个出境、跨界河流监测断面均达到或优于Ⅲ类标准，达标率为100%。2018 年第一季度，云南省国控省控监测断面中水质达到或优于Ⅲ类标准的断面比例为 81%。

云南省河流众多，共有长江、珠江、红河、澜沧江、怒江与伊洛瓦底江六大水系，河川水系发达，有 2000 余条大小河流，40 多个大小湖泊。云南省环保厅水环境管理处负责人介绍，云南省委、省政府高度重视水环境保护工作，认真贯彻落实《水污染防治行动计划》（以下简称"水十条"），按照"保护好水质优良水体、整治不达标水体、全面改善水环境质量"的总体思路，深入实施《云南省水污染防治工作方案》和《碧水青山专项行动计划》。

2017 年以来，云南省在加快重点流域水环境管理、集中式饮用水水源地环境保护、农村环境综合整治、省级以上工业园区水污染治理、加油站地下油罐双层罐更新或防渗池设置等推进"水十条"各项重点工作的实施中，出实招、下真功。在着力强化重点流域水环境管理上，全面完成了纳入国家考核的 18 个不达标水体的达标方案编制工作并抓好组织实施；建立了考核断面水质按月通报制度；在南盘江流域开展跨界河流水环境质量生态补偿试点工作；12 条黑臭水体整治达到国家年度考核要求，其中昆明市海河已完成整治并销号。

在强化集中式饮用水水源地环境保护工作中，组织开展了长江经济带地级以上城市饮用水水源地环保执法专项行动，督促存在饮用水水源地突出环境问题的州市进行整改，确保饮用水水源安全；完成全省县级以上城镇集中式饮用水水源环境状况年度评估工作。为强化省级以上工业园区水污染集中治理，云南省环保厅于 2017 年底对未按时完成治理任务的工业园区下达了限批预警函和限期整改通知，省环保厅、省工业和信息化委共同建立了"旬调度、月通报、强督查"工作制度。

2018 年 4 月 25 日，云南省召开了全省工业园区水污染集中治理工作推进视频会，持续推进省级以上工业聚集区水污染治理。通过实施一系列举措，2016 年和 2017 年，云南省顺利通过国家"水十条"考核。2017 年，全省纳入国家"水十条"考核的 100 个地表水断面优良比例为 75%，劣于Ⅴ类断面比例为 9%。地级集中式饮用水水源水质达标率为 100%。

当前，全省水污染防治工作仍然存在局部水污染防治形势严峻、优良水体水环境保护压力大、国家"水十条"部分重点工作任务进度滞后等问题和困难。云南省将以改善水环境质量为核心，以解决突出问题为重点，以目标、任务、问题为导向，对标对表、挂图作战、逐一销号，确保各项工作落到实处。云南省将召开全省水污染防治工作推进会，督促各州（市）政府及相关部门加快推进 2018 年度重点工作，尤其是抓实进展缓慢的工业园区水污染治理。

省环保厅将会同省工业和信息化委，采取多种措施加大督促指导力度，确保完成 2018 年度工业园区水污染集中治理任务。

持续开展考核断面水质情况定期预警，以保障断面水质持续稳定达标为目标，加强水质分析及水质变化趋势预判，强化流域水环境综合治理，确保断面水质达标。抓好"两头"，精准治污。坚持"反退化"原则（所有水体水质"只能更好、不能变坏"），要保护"好水"，加强良好水体保护，确保"好水"不能变差。以优先控制单元为重点，推进流域水污染防治网格化、精细化管理，系统治理"差水"。强化重点区域劣 V 类水体治理，大力推进18 个不达标水体的治理。配合省住房和城乡建设厅加大黑臭水体治理力度，定期开展黑臭水体专项督查检查。

同时，深入开展长江经济带饮用水水源地环境保护执法专项行动，全面清理饮用水水源保护区内各类环境违法问题，加强饮用水水源规范化建设，建立饮用水水源水质预警制度，防范水源环境风险。

（三）水源地保护攻坚战

重点强化集中式饮用水水源保护区划定，开展饮用水水源规范化建设，实施水质不达标水源地限期达标治理。开展水源区环境集中整治，全面排查和整治县级及以上城市水源保护区内的违法违规问题。强化集中式饮用水水源保护区应急监管，建立健全水资源战略储备体系，规划建设城市备用水源。强化饮用水水源水质监测和动态跟踪，实施从水源到水龙头全过程监管，持续提升饮用水安全保障水平。县级及以上城市政府至少每季度向社会公开一次饮用水水质状况。到 2020 年，乡镇及以上饮用水水源全面完成保护区划定，单一水源供水的城镇完成备用水源或应急水源建设。

（四）城市黑臭水体治理攻坚战

在全面排查黑臭水体的基础上，采取控源截污、垃圾清理、清淤疏浚、生态修复等措施，加大黑臭水体治理力度。实施城镇污水处理"提质增效"三年行动，加快收集管网和处理设施建设，完善污水处理收费政策，各地区要按规定将污水处理收费标准尽快调整到位，原则上应补偿到确保污水处理和污泥处置设施正常运营并合理盈利。2018 年，全面完成城市建成区入河排污口清理整治。到 2020 年,所有地级城市建成区实现污水管网全覆盖、全收集、全处理，县城和设市城市污水处理率分别达到 85% 和 95% 以上；地级城市建成区黑臭水体消除比例达到 95% 以上，其中昆明市全面消除黑臭水体。

（五）农业农村治理攻坚战

重点以建设美丽宜居村庄为导向，持续开展农村人居环境整治行动，将农村水环境治理纳入河（湖）长制管理。到 2020 年，实现乡镇镇区生活污水处理和生活垃圾处理设施全覆盖，95% 以上的村庄生活垃圾得到治理，农村无害化卫生户厕普及率达到 50% 以上，生活污水乱排乱放得到管控。农村人居环境明显改善，村庄环境基本干净整洁有序，管护长效机制初步建立。着力控制农业面源污染，减少化肥农药施用量，禁止高毒高风险农药使用，推进有机肥替代化肥、病虫害绿色防控替代化学防治和废弃农膜回收。严禁秸秆露天焚烧，推进综合利用。防治畜禽水产养殖污染，严格畜禽禁养区划定管理，从严控制网箱养殖，加强畜禽规模养殖场（小区）废弃物处理和资源化综合利用，到 2020 年，规模畜禽养殖场废弃物综合利用率达到 75% 以上，规模养殖场粪污处理设施装备配套率达到 95% 以上。

（六）生态保护修复攻坚战

一是划定并严守生态保护红线。到 2020 年，全面完成全省生态保护红线勘界定标，实现一条红线管控重要生态空间。建立生态保护红线绩效评估制度，建设省级生态保护红线监测网络和监管平台，开展生态保护红线监测预警与评估考核。二是加强生物多样性保护。实施云南省生物多样性保护战略与行动计划（2012—2030 年），出台《云南省生物多样性保护条例》，加强生物多样性保护优先区域、重点领域、重要生态系统的保护。开展自然保护区规范化、生物廊道、保护小区建设，优化生物多样性保护网络。推进珍稀濒危野生动植物及极小种群物种抢救保护。依托中国西南野生生物种质资源库，加强种质资源收集保存。到 2020 年，全省自然保护区总面积达到 300 万公顷，国家重点保护野生动植物受保护率达到 90% 以上。三是建立以国家公园为主体的自然保护地体系。出台《云南省贯彻落实〈建立国家公园体制总体方案〉的实施意见》，基本化解保护地交叉重叠、多头管理问题，建立生态环境遥感动态监测与评估机制，依托各类保护地完善生态环境监测网络。加强重点生态功能区保护，不断完善自然保护地体系，巩固生态安全屏障。强化天然林和公益林管护，对热带雨林等原始独特天然林实行重点保护。加强草地、湿地保护和恢复，实施退化生态系统修复，推进荒漠化、石漠化、水土流失综合治理。到 2020 年，新增水土流失治理面积 2.36 万平方千米，湿地面积不低于 845 万亩，湿地保护率提高到 52% 以上。完成全省自然保护区范围界限核准和勘界立标，依法依规解决自然保护地内的矿业权和规划矿区合理退出问题。整合申报一批国家公园，基本建立自然保护地相关法规和管理制度。加强对世界自然遗产地和风景名胜区资源保护。加强休渔禁渔管理，推进重点水域禁捕限捕，加大渔业资源增殖放流。推动耕地草原森林河流湖泊休养生息。持续开展"绿盾"专项行动，严肃查处各类违法违规行为，限期进行整治修复。2018 年底前，县级以上地方政府全面排查违法违规挤占生态空间、破坏自然遗迹等行为，制定治理和修复计划并向社会公开。四是开展大规模国土绿化行动。精心规划设计，广泛开展沿路、沿河（湖）、沿集镇"三沿"造林绿化活动，结合全域旅游，在重点交通干线打造一批有特色的林荫大道、鲜花大道和生态景观大道，在综合交通枢纽、旅游景区、特色小镇等重点区域打造一批绿色精品工程。结合水源地保护和九大高原湖泊保护治理开展绿化，统筹实施流域森林保护与建设，提高水源涵养能力。加强城市绿化，提高城镇面山林木覆盖，在城市功能疏解、更新和调整中，将腾退空间优先用于留白增绿。保留乡村风貌，留住田园乡愁，全面开展乡村绿化美化工程，加强原生植被、自然景观、古树名木、小微湿地保护，坚决制止开山毁林、填塘造地等行为，积极推进荒山荒坡造林和露天矿山综合整治。优化林分结构，适地适树实施森林抚育、低效林改造，国家储备林、珍贵用材林基地建设等项目，提高森林质量，展现植被立体分布特征和多样性特点，尽快淘汰速生桉树林。坚持人工造林与封育自然修复相结合，着力推进退耕还林还草、防护林建设、石漠化治理等工程，带动扩大营造林规模。全民动员开展义务植树，丰富全民义务植树尽责形式。到 2020 年，争创国家级森林城市 5 个，创建省级森林城市、县城 10 个。

（七）固体废物治理攻坚战

深入推进长江经济带固体废物大排查，重点开展工业固体废物堆存场所排查整治，调查、评估重点工业行业危险废物产生、贮存、利用、处置情况。

严格执行危险废物经营许可、转移等管理制度，逐步建立信息化监管体系，提升危险废物处理处置能力，启动全过程监管。严厉打击危险废物非法转移、倾倒等违法犯罪活动。鼓励"无废城市"试点，推动固体废物资源化利用。加强医疗废物和有毒有害化学品监管。

（八）柴油货车污染治理攻坚战

以开展柴油货车超标排放专项整治为抓手，统筹开展油、路、车治理和机动车船污染防治，实施清洁运输、清洁柴油车、清洁油品、清洁柴油机行动。严格落实治理超载超限的各项政策措施，提高重点区域大宗货物铁路货运比例，推进钢铁、焦化、电解铝、电力等重点工业企业和工业园区货物由公路运输转向铁路运输。2018年底前全面淘汰全省黄标车。加快淘汰老旧车，鼓励淘汰老旧工程机械和农业机械，推广使用清洁能源车辆，建设"天地车人"一体化的机动车排放监控系统，完善机动车遥感监测网络。严厉打击生产销售不达标车辆、排放检验机构检测弄虚作假等违法行为。尽快实现车用柴油、普通柴油和部分船舶用油标准并轨，严厉打击生产、销售和使用非标车（船）用燃料行为，彻底清除黑加油站点。从2019年1月1日起，全面供应符合国六标准的车用汽油和车用柴油。

第三节　生态优先推动云南绿色发展

一、扎实探索生态驱动高质量发展

"绿水青山就是金山银山"的云南探索，实践的是构筑科学发展的格局之美、珍惜山川河湖的自然之美、回归资源节约的朴素之美、追求人文风化的制度之美，开启的是彩云之南通往永续发展的未来之门。

习近平生态文明思想和习近平总书记考察云南重要讲话精神对云南省把生态文明建设示范创建作为践行有强大的指引和激励作用。立足良好生态是云南的宝贵财富和突出优势，在"十四五"期间，云南省将更加深入推进生态文明建设排头兵，建设中国最美丽省份，筑牢中国西南生态安全屏障。目前已经构建了省级引导、地方自愿、党政主导、社会参与、因地制宜、突出特色、注重实效、持续推进的原则，扎实开展各项工作，取得积极成效。

截至目前，生态环境部命名了 5 批国家生态文明建设示范区和"绿水青山就是金山银山"实践创新基地。云南省有 12 个州（市）、县被授予国家生态文明建设示范区荣誉称号，有 6 个地区被命名为"绿水青山就是金山银山"实践创新基地。有 1 个省级生态文明州、21 个省级生态文明县（市、区）和 615 个省级生态文明乡（镇、街道）获得省政府命名。

作为滇中重点林区之一的双柏县是红河源头的重要生态屏障，也是哀牢山国家级自然保护区的核心区域，在滇中城市中拥有鲜明特色和明显的生态优势。近年来，双柏县立足生态优势，坚持走绿色生态之路，打好生态牌，探索出"生态 + 产业""生态 + 扶贫""生态 + 旅游""生态 + 文化""生态 + 康养"的绿色发展模式。为把绿水青山变为金山银山，全面加快生态文明建设注入了强大的新动能，实现了生态与产业、农业与农民的共富、双赢。

被誉为北回归线上的"喀斯特绿洲"的西畴县，长期以来牢固树立"绿水青山就是金山银山"理念，与石漠抗争、向贫困宣战，以"西畴精神"为魂，以"六子登科"为骨，以人民群众为本，创造了从嶙峋石漠到丰美绿洲的生态文明治理西畴样本。形成了以石漠化治理为核心，林草产业、生态农业、生态工业、生态旅游业融合发展的模式，加快推进绿色循环低碳生产方式。

以生态立县战略为依托，南涧县闯出了一条生态保护优先、产业绿色发展、田园风光如画的发展之路。全县森林覆盖率从 1984 年的 20% 升至 2020 年的 66.67%，被纳入国家重点生态功能区，无量山国家级自然保护区生物多样性得到良好保护。

当前云南省在保护优先的前提下，各地把绿色作为全面建成小康社会的底色，积极探索合理开展生物资源的可持续利用和生物多样性助力乡村振兴。着力培育生物优势产业，云药、云茶、云花、云果等产业。极目彩云之南，多姿多彩的生态旅游业，水电、风电、太阳能等清洁能源成为一张张亮丽的名片。

在"十四五"开局之年，自然资源部发布 18 个中国生态修复典型案例，向全球推介生态与发展共赢的"中国方案"；同时为了更好探索以绿水青山的全方位价值实现，云南不断进行探索和保护并举的实践。

"十三五"以来，云南省以实施生态工程带动生态治理与生态修复，守好"绿色宝库"，提质量，增体量，筑牢"绿色家底"。数据显示，近5年来，云南省完成营造林3847.7万亩，退耕还林还草和陡坡地生态治理1286.7万亩，石漠化综合治理538.36万亩，防护林建设60.9万亩，退化草原修复410万亩，退牧还草238.2万亩，年均义务植树1亿株以上。建成国家森林乡村235个，省级森林乡村1081个，全省乡村绿化率达47.45%。打造了宜良冬林苑森林庄园、弥勒太平湖森林小镇等社会参与生态修复的典范。建设了昆明至丽江、昆明至西双版纳高速，以及沪昆、云桂高铁等重要交通沿线近1800千米的生态廊道，在全国率先实施了湿地保护修复、美丽河湖建设林草行动计划。

为严格抓实生态保护，云南省全力推进自然保护地整合优化。5年间划建自然保护地11类362处，占国土面积的14.32%，云南省重要生态系统、珍稀濒危野生动植物种类和重要风景资源、地质遗迹得到有效保护。同时，实施极小种群拯救保护项目120多个，截至目前，云南省亚洲象增长至300余头，滇金丝猴和黑颈鹤均增长到3000多只。备受关注的亚洲象北迁南归，是人与自然和谐共生的生动诠释。

在高质量发展中推进高水平保护，在高水平保护中促进高质量发展。几年来，云南省还在全国率先建立湿地标准、分级分类管理等政策体系。目前，全省已认定湿地665处，建立湿地类型自然保护区16处、湿地公园19处、湿地保护小区177处；探索了山水林田湖草系统治理高原湖泊的云南模式；建立了森林、湿地综合监测评估、年度出数机制，建成森林资源一张图，实现资源动态管理；积极构建天空地一体化监测网络，筑牢林草资源防护网。

二、发挥地区特色推进生态与民生共建

党的十八大以来，习近平总书记站在实现"两个一百年"奋斗目标和中华民族伟大复兴的战略高度，提出了"治国先治边、治国必治边"的战略思想。2015年1月和2020年1月，习近平总书记两次考察云南，对边境地区的发展稳定作出重要指示。2021年8月19日，习近平总书记在给沧源佤族自治县边境村老支书们回信中指出，要继续抓好乡村振兴、兴边富民，促进各族群众共同富裕，促进边疆繁荣稳定，建设好美丽家园，维护好民族团结，

守护好神圣国土。云南省提高政治站位，充分认识在生态文明框架下建设现代化边境小康村的重大意义。

要通过推进现代化边境小康村建设，促进各族群众共同迈向现代化、建设好美丽家园。云南省着力解决制约边境地区加快发展的短板和弱项，让当地群众都过上更好的日子，将沿边行政村都建设成为具有标杆性、示范性的现代化美丽家园。

云南省有374个沿边行政村，其中有少数民族人口76.6万人，占总人口的74.8%。建设现代化边境小康村，就是要建设各民族共有精神家园，促进各民族交往交流交融，让民族团结进步之花开满边境一线，把374个沿边行政村打造成为铸牢中华民族共同体意识的示范样板。截至"十三五"收官之时，云南省通过《云南省沿边城镇布局规划》和《云南省沿边开放经济带发展规划》作为政策支撑，进一步优化了边境城镇体系，不断完善边境地区城镇功能，全面提升沿边城镇开发开放水平，瑞丽、河口、腾冲、磨憨、孟定等边境城镇快速发展，边境城镇在全省建设面向南亚东南亚辐射中心中的前沿地位和窗口作用不断显现。2016—2019年，25个边境县市地区生产总值年均增速达到10%，高于全省平均水平1.2个百分点。

要结合现代化边境小康村建设，筑牢祖国西南安全稳定屏障。云南省有3277千米的边境线在374个沿边行政村范围内，建设现代化边境小康村，就是要引导边民树牢国家意识、国土意识、国防意识、国门意识，形成让每个村就是一道屏障，每个基层党组织就是一个堡垒，每位边民就是一名哨兵的边境安全治理形势。同时也要不断增强中国特色社会主义国家感召力、展示好国家形象的重要载体。让374个沿边行政村都成为彰显中国共产党领导的政治优势和中国特色社会主义制度优势的重要平台，提升边民的自豪感和认同感，增强他们建设边疆、保卫边疆、奉献边疆的责任感。

为了以高质量推进现代化边境小康村建设，云南省提出必须坚持问题导向、坚持目标导向，从多个方面着手发力：

抓紧补齐发展短板。建好用好"一平台三机制"，坚决守住不发生规模性返贫的底线，聚焦"两不愁三保障"帮助群众解决困难，让脱贫成果巩固实起来；完善边境小康村的路、水、网等建设，把基础设施短板补起来；盘活闲置资源和经营性、公益性资产，通过入股或参股等方式，开展"村村合作、村企合作、村社合作"获取投资收益，使村级集体经济强起来；加强边境村师资队伍建设，加快普惠幼儿园建设，改善村卫生室条件，健全完善公共文化服务体系，将公共服务水平提起来；大力开展"两污"治理，积极推进厕所革命，实施乡村绿化，让生态环境美起来。

培育壮大基础产业。产业是群众增收的关键，是生活幸福的基础。在边境村抓产业，要立足当地种植、养殖等传统产业，走"一村一品"之路，实施科技兴农行动，通过科技、技术、市场来提高附加值，加速把传统农业提升为现代农业，并大力发展乡村旅游以增加群众收入。

铸牢中华民族共同体意识。要讲述好民族团结誓词碑、班洪抗英、片马抗英、沧源老支书为国守边等云岭大地上鲜活的民族团结进步故事。把民族团结进步示范创建同乡村振兴、农村精神文明建设等结合起来，努力把沿边行政村全部建设成为民族团结进步示范村。同时，保护好民族文化资源，普及好国家通用语言文字，管理好农村宗教事务。

构筑边境安全稳定屏障。落实好"五级书记抓边防"和"五级段长制"责任，用好物防、建好技防、抓好人防，发挥好边境立体化防控体系作用。建立自治、法治、德治有机结合的村级治理体系，全面实施网格化管理，不断提高乡村善治水平。

提升边民综合素质，包括思想道德素质、现代文明素质、科学文化素质和法治素养；加强边境基层党组织建设，继续建强党支部，选好带头人，育好先锋队。

要实现现代化边境小康村建设，就要形成上下联动系统实施的综合工程，探索一套行之有效的推进机制、建立一套务实管用的督促办法、凝聚一股齐抓共管的强大合力，以期高质量地推进。

云南省不断加强组织领导和顶层设计，各级各部门通过"一把手"要深入一线带头推动，建立"省级协调推动、州（市）统筹谋划、县（市）主体责任、乡（镇）村主抓落实"的工作机制，定期召开相关会议，及时研究解决困难和问题；建立省民族宗教委、省农业农村厅、省乡村振兴局"三牵头"工作机制和省级各部门齐抓共管机制，形成工作合力。通过强化资金保障，确保资金投入到位、投向到位、管理到位。要强化群众参与，推动共建共享、群防群治，发挥群众主体作用。通过强化检查考核，通过建立专项督查机制、考评激励机制和验收机制，推动工作落细落实落到位。

深入贯彻落实习近平总书记重要指示和 2020 年考察云南重要讲话精神，云南省 25 个边境县（市）抵边行政村（社区）中选择了 30 个自然村，根据"一村一方案，一村一示范"的要求，按照产业支撑、文旅融合、生态宜居、边贸助推、睦邻友好 5 种类型，开展边境小康示范村建设。截至 2021 年，边境小康示范村建设取得了阶段性显著成效：30 个边境小康示范村的基础设施不断改善、增收产业逐步形成、村庄环境越来越好、群众收入大幅提高、乡村治理更加有效、基层党建扎实推进，已成为宜居宜业的典范、展示国门形象的窗口、守土固边的堡垒、民族团结进步的样板，为沿边地区高质量跨越式发展探索积累了有益经验，也为全面推进现代化边境小康村建设奠定了良好基础。

三、在绿色框架下不断推进产业现代化转型

截至"十三五"收官之时，云南省持续推动产业优化发展取得显著成效，产业规模不断壮大。农业总产值从 2015 年的 3383.1 亿元增长到 2019 年的 4935.7 亿元；全部工业增加值突破 5000 亿元大关，2019 年达到 5301.5 亿元；服务业占据国民经济半壁江山，达到 1.2 万亿元；民营经济户数达 312.7 万户，增加值超过 1 万亿元。

产业结构持续优化。三次产业结构从 2015 年的 15.0 ：40.0 ：45.0 调整到 2019 年的 13.1 ：34.3 ：52.6，服务业占 GDP 的比重达到 50% 以上，非烟工业占全部工业的比重从 66.2% 提高到 75.3%，非公经济增加值占 GDP 的比重提高到 47.2%。

产业集聚态势逐步显现。中国铝谷初具雏形，保山、楚雄、丽江、曲靖、昭通 5 个绿色硅材聚集区渐成规模，新材料产业已逐步形成以昆明为核心的稀贵金属和光电子材料产业集群，以昆明、楚雄为中心的铜钛产业集群，以红河个旧为中心的锡产业集群，以曲靖为核心的液态金属产业基地。

八大重点产业支柱作用不断凸显。"十三五"时期，云南坚持"两型三化"

产业发展方向，着力发展实体经济，实施生物医药、信息、新材料和先进装备制造4个产业"施工图"、服务经济倍增计划，引进一批世界500强企业、行业隐形冠军和重大项目落地，为八大重点产业发展注入新活力。

一批生物医药和医疗健康养生项目成功落地；昆明杨林新能源汽车"三车一中心"汽车园渐成雏形；贵金属催化材料和功能材料等领域中的多项关键材料和技术达到国际先进水平；云南已成为全球最大的鲜切花生产地，鲜切花生产面积、产量均位居全球第一。2016年以来信息产业主营业务收入年均增速超过20%，2019年达到1465.3亿元，现代物流业增加值占GDP比重达到8.6%，国家A级物流企业达到100户，居西部第3位。

产业发展的层次和水平不断提升。在"十三五"期间，能源产业成为云南第一大支柱产业。为推进煤炭行业整治重组，云南全省煤矿数量由"十三五"初期的786个减少到222个，平均产能由15万吨/年提高到42万吨/年，良性发展态势显现；中缅油气管道和1300万吨/年炼油项目建成投产填补云南石化产业空白；天然气消费量从"十二五"末不到6亿立方米增长到2020年的22亿立方米；电力总装机突破1亿千瓦，居全国第7位，清洁能源发电量占比超过90%；通过大力发展绿色铝、绿色硅等产业，大幅提升自用电比例，2019年省内用电量比例达到52.3%，云南彻底结束了大规模弃水问题和电力"外送为主、自用为辅"的格局。2019年，能源工业增加值达到1300亿元，跃升为全省第一大支柱产业。

同时，云南立足资源禀赋，按照"大产业+新主体+新平台"的发展思路，围绕"抓有机、创名牌、育龙头、占市场、建平台、解难题"，聚焦茶叶、花卉、蔬菜、水果、坚果、咖啡、中药材、肉牛8个重点产业，全力推动高原特色农业提质增效。相较于2017年，2019年云南全省8个重点产业综合产值达到5780亿元，年均增长高达16%；绿色食品认证产品达到1746个，年均增长48.4%，全国排第8位；有机产品获证数量达到1023个，年均增长12.6%，全国排第6位；农业龙头企业达到4240户，销售额达到3009亿元。2020年前三季度，在全国农产品出口小幅增长的情况下，云南农产品出口同比增长9%，网络零售额增长37%。

此外，随着"整治乱象、智慧旅游、无理由退货"旅游革命"三部曲"

的深入推进，分区域推进全域旅游示范区创建，聚焦"干净、宜居、特色、智慧"扎实推进"美丽县城"建设，持续巩固提升"云南省特色小镇"创建成果，启动建设大滇西旅游环线，高标准、高品质建设"半山酒店"，实施卫生健康事业发展三年行动计划，加快区域医疗中心、临床医学中心建设，云南正成为众人向往的"健康生活目的地"。

四、抓住历史机遇推动开放发展

"十三五"以来，云南持续加强与南亚东南亚国家的政策沟通、设施联通、贸易畅通、资金融通、民心相通，全力打造区域性国际经济贸易中心、科技创新中心、金融服务中心、人文交流中心，面向南亚东南亚辐射中心建设成果丰硕，取得了显著成效。

加强政策沟通，开放合作机制建设迈出新步伐，与南亚东南亚国家缔结友城 46 对。习近平总书记等党和国家领导人多次出访南亚东南亚国家，谋划部署并引领推动中国与南亚东南亚国家交流合作。云南成立了由省委、省政府主要领导担任组长的云南省推进"一带一路"建设工作领导小组和建设面向南亚东南亚辐射中心领导小组，先后制定出台了《中共云南省委云南省人民政府关于加快建设我国面向南亚东南亚辐射中心的实施意见》《云南省建设我国面向南亚东南亚辐射中心规划（2016—2020 年）》等系列规划和政策文件，搭建起了推进辐射中心建设的"四梁八柱"政策体系。云南省主动服务和融入国家发展战略，积极参与大湄公河次区域、云南—老挝北部、云南—曼德勒、中国—南亚合作论坛、滇缅合作论坛等多双边区域合作机制建设，云南在推动中国与南亚东南亚国家构建周边命运共同体中的主体省份地位进一步凸显。加强沟通交往，国际友城关系从 2015 年的 61 对增至目前的 100 对，遍布 5 大洲 36 个国家，其中，与南亚东南亚国家缔结友城 46 对，国际"朋友圈"不断扩大。"十三五"期间，成功举办了两届中国—南亚博览会。

加强设施联通，国际大通道建设取得新突破，累计开通 93 条国际和地区客货运航线。云南省始终将推动与南亚东南亚国家在铁路、公路、航空、能源、通信等基础设施实现互联互通作为辐射中心建设的优先方向，一大批铁路、公路建设项目深入实施，中越、中老、中缅国际通道高速公路境内段全线贯通，境外高速公路老挝万荣—万象段计划 2020 年建成通车；中越铁路境内段建成通车，玉磨铁路、大临铁路、大瑞铁路等项目正在加快建设，中老铁路预计 2021 年建成通车；航空方面，云南省已累计开通 93 条国际和地区客货运航线，基本实现南亚东南亚国家首都和重点旅游城市全覆盖；水运方面，澜沧江—湄公河国际航运发展势头良好，实现了集装箱运输零的突破；能源方面，中缅油气管道全线贯通运行，成为中国第四大能源陆路进口通道；通信方面，中老、中缅实现网络设施互联互通，国际通信服务覆盖周边 8 个国家。

加强贸易畅通，开放型经济建设取得新成效。2016—2019 年，云南省货物贸易进出口年均增长 15.12%。云南省服务和融入中国—中南半岛、孟中印缅经济走廊、中老、中缅经济走廊建设的能力大幅提升。中国（云南）自由贸易试验区获国务院批复并加快建设，106 项国家改革试点任务稳步推进。瑞丽、磨憨 2 个国家级重点开发开放试验区，河口、瑞丽、畹町、临沧 4 个国家级边境经济合作区，中老、中缅、中越 3 个跨境经济合作区，昆明、红河 2 个综合保税区等各类开放平台的引领和带动作用明显增强。口岸基础设施不断完善，通关便利化水平持续提升，进出口贸易规模持续扩大，2016—2019 年，云南省货物贸易进出口年均增长 15.12%，2019 年总额突破 2000 亿元大关。国际产能合作全面加强，缅甸达克辖燃气电站正式投运，老挝石化一期项目建成投产，万象赛色塔综合开发区、柬埔寨暹粒吴哥国际机场、中柬文化创意园等项目加快推进。

加强资金融通，区域性金融服务能力得到新提升。跨境人民币业务范围覆盖 101 个国家和地区。跨境人民币业务不断扩大，累计结算金额超过 5000 亿元，业务范围覆盖 101 个国家和地区。多层次区域货币交易模式基本形成，推出全国首例人民币对泰铢银行间市场区域交易，搭建了云南省两个越南盾现钞直供平台和西南地区第一条泰铢现钞直供平台，建立了中老双边现钞调运通道。畅通跨境支付结算渠道，推广人民币跨境支付系统（CIPS）在云南省的应用。开创地方金融机构"走出去"全国先例，积极引进外资金融机构入滇发展。推动设立 4 家银行区域专业化服务中心，提升区域性金融服务水平。

此外，"十三五"以来，云南省在跨国科技合作不断深入，成立了中国—南亚技术转移中心、中国—东盟创新中心等科技合作创新平台，与老挝、越南、柬埔寨等国合作建立了农业科技示范园区。

第四节　展望绿色驱动云南高质量发展前景

"十三五"以来，云南省重点围绕打好蓝天、碧水、净土三大保卫战和8个标志性战役，统筹推进全省生态环境保护。云南省生态环境保护取得明显成效，主要指标都达到或超过了"十三五"预期目标，为"十四五"奠定了良好基础。"十四五"时期，云南省将在继续深化领会习近平生态文明思想的基础上，牢固树立绿水青山就是金山银山理念，坚持节约优先、保护优先、自然恢复为主，坚决守住自然生态安全底线，巩固西南生态安全屏障，提升"植物王国""动物王国""世界花园""生物基因宝库"的影响力。深入实施可持续发展战略，坚持生态优先、绿色发展，完善生态文明领域统筹协调机制，建立健全生态文明体系，促进经济社会发展深化绿色转型，实现生态与发展并举的现代化发展。

"十四五"云南省生态文明建设路线图可以概括为"一个筑牢""三个全面"：

筑牢西南生态安全屏障。实施主体功能区战略，优化国土空间开发格局，严守生态保护红线。坚持山水林田湖草系统治理，深入推进重要生态系统保护和修复，提升生态系统质量和稳定性，切实维护生态安全。重点围绕构建"三屏两带多点"生态安全格局、统筹推进六大水系保护修复、持续推进九大高原湖泊保护治理、深入推进重要生态系统保护修复、加强生物多样性保护、健全生态文明体制等任务规划布局。

全面改善环境质量。在长江大保护的框架体系下，继续坚持系统治污、精准治污、科学治污、依法治污，不断解决突出生态环境问题，持续改善全省环境质量。具体从持续强化大气污染防治、加大水源地保护和污水治理力度、稳步推进土壤污染防治、提升固体废物环境风险防控和处置水平等任务推动落实。

全面推动绿色低碳发展。一是推动生产绿色转型，推进重点行业清洁生产，加快发展环保产业，持续推动产业结构、能源结构、交通运输结构、农业结构绿色转型；二是推动生活绿色转变，倡导绿色生活、绿色消费、绿色出行。具体从全力推动低碳发展绿色新动能、大力推进绿色生活、积极削减排放和增加碳汇、健全绿色低碳发展支撑体系等工作推动落实。

全面提高资源利用效率。全面落实能源、水、建设用地总量和强度"双控"制度，开展全民节能、节水行动，鼓励可再生能源消费，推进资源总量管理、科学配置、全面节约、循环利用。具体从实施全民节水行动、推进土地节约集约利用、全面推动能源节约等工作任务推动落实。

云南正在按照"十四五"规划纲要的部署，以建设全国生态文明排头兵和中国最美丽省份为目标，深入调研，集思广益，科学编制，制定和贯彻生态文明建设规划和水、气、土等专项规划，明确"十四五"时期生态环境保护工作目标任务举措，为云南夯实绿色转型驱动力奠定制度和政策基础。

一、工业进一步向绿色低碳转型

《云南省工业绿色发展"十四五"规划》提出，云南省要着力优化调整工业结构，提升工业能效水平，推动全省工业绿色低碳高质量发展，让绿色成为云南工业发展的鲜明底色。该规划明确，"十四五"期间，要发挥云南资源禀赋优势，挖掘绿色发展新引擎，构建绿色发展新格局，塑造绿色发展新优势，推动绿色能源与绿色制造深度融合，开启工业绿色发展新征程。实现碳排放强度持续下降，能源效率稳步提升，资源利用水平明显提高，绿色制造体系日趋完善。到 2025 年，全省工业产业结构、生产方式绿色转型取得显著成效，能源资源利用效率显著提升，为工业领域碳达峰、碳中和奠定坚实基础。

以促进传统工业转型升级为抓手，云南省将着力推动传统产业绿色化改造，提升产业基础高级化和产业链现代化水平。运用先进适用技术和新一代信息技术，推动烟草、有色、钢铁、化工、建材等重点行业技术升级、设备更新和绿色低碳改造。着力增强制造业核心竞争力，强化科技创新支撑，引导企业开发高性能、高附加值、绿色低碳的新产品，打造云南制造业品牌优势。

与此同时，云南省将聚焦传统产业延链补链强链，实现产业基础再造。利用绿色能源优势引领绿色铝、绿色硅等先进制造业发展，建设以绿色铝为品牌的世界一流"中国铝谷"，打造绿色硅精深加工产业基地，重塑支柱产业新优势。聚焦传统产业赋能提效，大力推进产业数字化转型。依托"数字云南"建设基础，推动产业基础创新，重塑生产服务模式，加快产品和服务迭代升级。推进智慧基础设施、数字工厂、智慧园区建设，以绿色智能融合推动产业基础高级化。

以壮大绿色发展新动能为目标，云南省将着力打造面向省内、国内、南亚东南亚的节能环保装备产业基地。打造一批生产能力和技术水平达到国内领先水平的节能环保装备企业，培育一批"专精特新"中小企业。加快发展新能源产业，提高新能源装备制造水平。深入推进绿色能源战略与绿色铝、绿色硅等先进制造业深入融合，引领、带动、支撑绿色铝、绿色硅产业在绿色发展、产业规模、精深加工、创新研发等方面形成全球制高点，打造"中国铝谷"和"世界光伏之都"。壮大新能源汽车产业，抢占先进装备制造业发展制高点。围绕新能源汽车电动化、智能化、网联化，建立整车制造、关键零部件及相关配套产业链，着力打造整车及零部件研发、制造、销售、检测、服务为一体的新能源汽车产业体系。

为推动产业规模化集群化发展，构建新型绿色工业发展格局，云南省抓紧布局战略性新兴产业、未来产业，大力打造万亿级支柱产业、培育千亿级优势产业，加快构建现代化产业体系。加快培育园区产业集群，以产业链延伸、产业协同、产业配套发展为主线谋划产业园全产业链发展，建设主业突出、产业链完整、竞争力强的产业集群。引导企业向重点州（市）和开发区集聚，加快形成一批布局合理、重点突出、各具特色的全链产业、核心优势产业、产业集群和产业园区。

为强化工业碳排放控制和管理，云南省将积极推进重点领域率先达峰。围绕国家2030年碳排放达峰目标，研究提出云南省工业领域碳排放达峰路径和行动方案，鼓励有条件的地区、园区或行业碳排放率先达峰。积极开展工业产品和产业园碳足迹管理，提高绿色低碳产品供给能力。参与全国碳排放交易市场建设，提升企业积极参与碳排放权交易的意识和能力，提高企业碳资产管理意识。与此同时，加大先进低碳技术推广应用力度，提升全行业低碳发展水平。培育低碳发展示范标杆，依托绿色能源和丰富的高原林业碳汇资源，在园区、企业、产品层面探索碳中和云南方案。

二、继续推进服务贸易高质量发展

"十四五"期间，在跨境旅游恢复的前提下，云南省要力争通过2年恢复和提升进出口贸易规模。奔着加强平台集聚带动能力的目标，力图建设省级服务贸易创新发展试点1~2个，省级服务外包示范城市3个，省级文化出口基地2个，省级中医药服务出口基地2个。加速创新发展，突破重点产业领域，形成内陆地区面向南亚东南亚的服务贸易集聚区。

根据规划，云南省的发展定位是面向南亚东南亚服务贸易集聚中心。开放型经济新体制基本形成，面向南亚东南亚区域性国际服务贸易中心作用有效发挥，中国（云南）自由贸易试验区等平台成为对外合作主要载体，形成以面向南亚东南亚区域为重点、要素高度聚合、环境开放宽松、服务业相对发达的服务贸易集聚中心。

全面落实中央关于加快沿边开放的要求，充分发挥沿边地区区位优势，发挥昆明全面深化服务贸易创新发展试点的示范带动作用，依托中国（云南）自由贸易试验区、跨境经济合作区、边境经济合作区、重点开发开放试验区、口岸产业园、边境旅游试验区、跨境旅游合作区等，推动建设贸易投资便利、交通物流通达、要素流动自由、金融服务完善、监管安全高效的沿边服务贸易集聚区。

规划明确，主要任务是聚焦主要领域，构建服务贸易发展新格局；深化创新发展，探索服务贸易发展新路径；做强云南品牌，开拓服务贸易发展新市场。积极争取国家外经贸发展专项资金（服务贸易）对云南省服务贸易企业的支持，落实相关优惠政策，优化现有省内服务贸易发展扶持政策，加大对重点项目、重点区域、重大平台的支持力度，扶持龙头企业与创新型中小企业，带动社会资本支持服务贸易创新发展和新业态培育。鼓励金融机构在现有业务范围内加大对服务贸易企业开拓国际市场、开展国际并购等业务的支持力度。

三、打造绿色食品加工产业集群

《云南省"十四五"食品工业发展规划》（以下简称《发展规划》）明确要求到 2025 年，云南省基本建立起特色突出、结构优化、绿色集约、安全高效的绿色食品现代产业体系，绿色食品引领带动作用进一步凸显，产业培育取得突破性进展。

其中到 2025 年，食品工业产值达到 2500 亿元左右，年均增速保持 9% 左右，食品工业在整个规上工业中的地位进一步凸显。培育 1~2 家营业收入超过 100 亿元、2~3 家营业收入超过 50 亿元及一批营业收入超过 20 亿元的食品企业。农产品加工与农业总产值比重进一步提升，接近全国平均水平。新增一批国家级、省级工程（技术）研究中心和企业技术中心，围绕重点产业建设优势突出的绿色食品研发创新基地。"云花""云茶""云果""云菜""云饼""云糖""云酒"等著名品牌的市场影响力进一步提升，市场占有率显著提高，产品溢价能力明显增强。规上食品企业生产过程智能化水平显著提升，大中型企业关键工艺过程基本实现自动化，新增实施一批智能制造项目。

《发展规划》提出，要聚焦肉类食品、酒及饮料和精制茶制造三大优势产业，果蔬及坚果加工两大特色产业，烘焙食品、乳制品制造两大潜力产业，制糖、谷物及粮油加工两大战略性产业，打造具有国际国内竞争力的绿色食品加工产业集群。

在具体实施中，发挥肉牛、生猪等一批重大项目引领带动作用，形成以昆明、曲靖等为辐射高地的肉制品产业集聚发展格局。围绕西双版纳、昆明等原料优势突出、产业基础良好的地区打造饮料制造业产业集群；以德宏、昆明等地为主，重点打造昆明中国国际咖啡产业园、云南芒市产业园等咖啡加工园区，力争将云南建设成世界优质咖啡豆原料基地及全国最大的咖啡精深加工产品生产基地、咖啡豆交割仓和贸易中心。围绕昆明等地，依托云南通海产业园区、云南泸西产业园区、南华野生菌产业园等，建设果蔬加工集群。以昆明等滇中人口密集地区为主发展区，依托呈贡工业园、七甸片区绿色产业园等鲜花产品深加工园区打造产业集聚区，积极布局特色乳制品制造业；依托云南祥云经济技术开发区等，打造谷物及粮油加工产业集聚区。

四、深度融入"双循环"促成产业优化

"十四五"期间，云南正在深度融入"大循环"和"双循环"，深度融入新发展格局，推动产业体系优化升级。

（一）准确把握融入"大循环、双循环"的切入点

把云南省区位优势转化为开放优势。依托国内大循环，吸引发达省市和周边国家生产要素在省内集聚，对内加强与粤港澳大湾区、长三角、成渝双城经济圈等区域的经济合作，对外促进与南亚东南亚产业链、供应链、价值链深度融合，推动形成强大国内市场与南亚东南亚国际市场之间的战略纽带。将云南省资源优势转化为经济优势、竞争优势。在以国内大循环为主的新发展格局中，加快向资源强省转变，拉长资源产业、基础原材料工业的链条，为全国产业链、供应链的稳定作出云南贡献，以此塑造竞争优势。形成有利于现代服务业发展新的动力源。在云南与全国和南亚东南亚产业链供应链深度融合的过程中，保障产业循环、市场循环、经济社会循环加速畅通，推动服务业市场需求加快释放，形成现代服务业发展新的动力源。

（二）准确把握加快发展现代产业体系的任务要求

突出优势，全力打造世界一流"三张牌"。打造世界一流"绿色能源牌"，建成国家清洁能源基地、石油炼化基地以及区域性国际能源枢纽，推进绿色能源战略与绿色先进制造业深度融合，建设世界一流"中国铝谷"，打造绿色硅精深加工基地，推动绿色制造强省建设。打造世界一流"绿色食品牌"，聚焦种子端、电商端，坚持设施化、有机化、数字化发展要求，建好农业"第一车间"，大力发展农产品精深加工，推动绿色食品迈向价值链高端。打造世界一流"健康生活目的地牌"，推进大滇西旅游环线、澜沧江沿岸休闲旅游示范区、昆玉红旅游文化带建设，创建国际康养旅游示范区。壮大支柱产业。打造先进制造、旅游文化、高原特色现代农业、现代物流、健康服务五个万亿级产业和绿色能源、数字经济、生物医药、新材料、环保、金融服务、房地产、烟草八个千亿级产业，形成一批新的支柱产业和产业集群。抢抓数字经济重大历史机遇，加快"数字云南"建设，推动数字经济与实体经济深度融合赋能产业发展；瞄准未来科技革命和产业变革趋势，培

育战略性新兴产业。

（三）全面落实加快发展现代产业体系的决策部署

推动科技创新在畅通循环、发展产业中发挥关键作用，深入实施创新驱动发展战略，提升产业链供应链现代化水平和制造业核心竞争力。按照推动有效市场和有为政府更好结合的新要求，进一步完善加快发展现代产业体系的政策措施，以高标准市场体系建设引导企业和各类市场主体高质量发展。深入实施产业发展"双百"工程，发挥骨干企业的引领作用和重大项目的带动作用，推动全省产业结构主动调整、引领调整。

第三章　云南省绿色发展生态环境约束

云南省位于云贵高原，地形复杂，以元江谷地和云岭山脉南段的宽谷为界，分为东西两大地形区，整个地势从西北向东南倾斜，东部为滇东、滇中高原，地形波状起伏，平均海拔2000米左右，发育着各种类型的岩溶地形，西部为横断山脉纵谷区，高山深谷相间，相对高差较大，地势险峻。海拔最高6740米，最低76.4米；亚热带气候，年平均气温15℃~16℃，无霜期210~330天；年降水量800~1200毫米，雨水充沛。

由于地形、地貌和地理环境的复杂性和多样性，造就了云南丰富多彩的自然风光和美景。提到彩云之南，不禁让人浮想联翩：风花雪月、苍山洱海、神秘幽静……让人向往它的好山好水好空气。作为一个青山环绕、水系丰富、物资富饶的省份，美好的生态是云南省欣欣向荣的烫金招牌，更是它赖以生存和发展的基础。离开良好的生态环境，既难言百姓的幸福生活，更谈不上高质量的发展。以生态立省的云南懂得绿色的珍贵，靠生态强省的云南更深知绿水青山之于富民强滇的重要意义。

但同时，云南省立地条件的复杂性使得其光、热、水、气等自然资源的时空分布不均，差异极大。随着城市化进程的加快，曾经粗犷的生产方式、毁林开荒、陡坡耕作、采矿伐薪等不合理利用资源等多种原因的叠加，加剧了省内生态环境的脆弱性，生态退化问题严重，生态系统的生产能力和恢复能力下降，牵绊和约束着云南的绿色发展。

2021年7月14日，中央第八生态环境保护督察组向云南省委、省政府进行反馈督查情况，云南省认真学习贯彻习近平生态文明思想，坚决扛起生态文明建设排头兵的政治责任，生态文明建设和生态环境保护取得积极进展和成效。但与中央要求和人民期待相比，还存在不小差距。具体表现在：一是贯彻落实习近平总书记重要指示精神的自觉性和主动性不够。二是高原湖泊保护治理形势依然严峻。三是一些污染防治重点领域短板突出。四是生态保护存在薄弱环节。

第一节　主体功能区规划空间管控

一、国家生态安全空间格局要求

在国家现有环境保护和资源管理的框架下，我国政府对今后一个时期的生态环境保护有着基本观点和基本要求，特别是首次明确提出了"维护国家生态环境安全"的目标。同时，《全国生态环境保护纲要》（以下简称《纲要》）力求在生态环境保护的对策上有所突破，对重点地区的重点生态问题实行更加严格的监控、防范措施。主要有：

（一）生态功能保护区的建设

根据国内重要生态功能区中生态环境退化带来的危害和急需加强保护的需要，参考国际上日益强调对完整生态系统和重要生态功能区域、流域实施系统的、全方位保护的发展趋势，《纲要》提出了生态功能保护区建设的新任务，这是对重要生态功能区实施抢救性保护的根本措施。同时，鉴于我国人口、资源和环境的双重压力，生态功能保护区采取了主动、开放的保护措施，对区内的资源允许在严格保护下进行合理、适度的开发利用，特别强调通过规范监督管理，限制破坏生态功能的开发建设活动，积极推进自然与人工相结合的科学生态恢复，遏制或防止生态功能区的生态功能退化。

（二）资源开发的生态保护

本着禁、倡并举的原则，《纲要》从维护系统的、区域的和流域的生态平衡出发，提出了资源开发的控制要求，并根据自然生态的特点对主要自然资源开发的时间、地点和方式提出了限制性要求。例如对水资源开发，强调经济发展要以水定规模，建立缺水地区高耗水项目管制制度；对严重断流的河流和严重萎缩的湖泊，在流域内停止或缓止不利于缓解断流与湖泊萎缩的蓄水、引水和调水工程。对土地资源开发，要强化土地用途管制中的生态用地管制，特别是加强对林区、草原、湿地、湖泊等具有重要生态功能区域的保护和使用的监管。对草原资源开发，要严格实行草场禁牧期、禁牧区和轮牧制度。对生物物种资源的开发，要加强生物安全管理，建立风险评估制度。对矿产资源的开发，严禁在崩塌滑坡危险区、泥石流易发区和易导致自然景观破坏的区域采石、采砂、取土，严格沿江、沿河、沿湖、沿库、沿海地区矿产资源开发的管理。

（三）生态环境保护对策和措施

针对我国生态环境保护监督管理方面的一些薄弱环节，《纲要》提出了一些新的制度和措施：如要建立和完善各级政府、部门、单位法人生态环境保护责任制；建立生态环境保护审计制度，确保国家生态环境保护和建设投入与生态效益的产出相匹配；加快生态环境保护立法步伐，抓紧制定重点资源开发生态环境保护和生态功能保护区管理条例；抓紧编制生态环境功能区划，指导自然资源开发和产业合理布局；建立经济社会发展与生态保护综合决策机制，重视重大经济技术政策、社会发展规划、经济发展计划所产生的生态影响；建立国家防止生态恶化与自然灾害的早期预警系统等。

云南省主体功能区的规划依据中国共产党第十七次、十八次全国代表大会报告、《中华人民共和国国民经济和社会发展第十一个五年规划纲要》《全国主体功能区规划》等，为科学开发云南省国土空间的行动纲领和远景蓝图，更为国土空间开发的战略性、基础性和约束性进行了规划。

二、云南省主要生态环境背景

七彩云南、绿色明珠。云南是中国通向东南亚、南亚陆路最便捷的国际通道，是中国面向西南开放重要桥头堡。丰富的自然资源、特殊的地理区位和多样的环境条件是各族人民赖以生存和发展的基础。为了我们的家园更加美好、经济更加发达、生活更加殷实、边境更加安宁、民族更加团结、社会更加和谐、生态更加文明，为了云南的青山绿水、蓝天白云世代相传，必须推进形成主体功能区，科学开发我们的家园。云南地处中国西南部，位于东经北纬 21°8′~29°15′，东经 97°31′~106°11′ 之间。2021 年末云南省常住人口有 4721 万人，土地总面积 39.4 万平方千米，连四省区（西藏、四川、贵州、广西）、邻三国（越南、老挝、缅甸），边境线长 4060 千米。

地形。云南位于我国三大地势阶梯中的第一地势阶梯与第二地势阶梯过渡带上，地势北高南低，平均海拔 2000 米左右，山地占全省国土总面积 94%。东南部为滇东、滇中高原，西北部为横断山脉纵谷区，高山峡谷相间。

水系。云南是诸多河流的发源地和上游区，分别属于金沙江、澜沧江、怒江、珠江、红河、伊洛瓦底江 6 大水系，水能资源理论蕴藏量 1.04 亿千瓦。云南共有 40 多个天然湖泊，多数为断陷型湖泊，其中九大高原湖泊尤为著名。

气候。云南属于低纬高原季风气候区，多样性显著，包含 7 个气候带，热区气候资源优势巨大。气温年较差小、日较差大，积温有效性高。雨量充沛，雨热同季，干湿季分明。山地立体气候特征显著，海拔高差几乎掩盖了纬度差异，形成"一山分四季，十里不同天"的特征。

资源。云南是全国植物种类最多的省份，云南物种多样性丰富，有高等植物 19333 种（占全国 50.1%），脊椎动物 2273 种（占全国 51.4%），是近 100 种动物的起源地和分化中心；近年来，怒江金丝猴、高黎贡球兰、勐宋薄唇蕨等新物种在云南境内被发现，被誉为"动物王国"，是世界上难得的野生动植物种质资源基因库；矿产资源种多量丰，尤以磷矿和铜、铅、锌、锡等有色金属矿产最为突出，被誉为"有色金属王国"；旅游资源十分丰富、聚合度高，全省已建成投入运营的景区、景点有 425 个，国家级 A 级以上景区有 168 个，被誉为"旅游王国"。

区位。云南地处中国、东南亚、南亚三大市场接合部，与越南、老挝、缅甸 3 国接壤，与泰国和柬埔寨通过澜沧江—湄公河相连，并与马来西亚、新加坡、印度、孟加拉国等国邻近，是我国毗邻周边国家最多、边境线最长的省份之一。在建设我国面向西南开放重要桥头堡和新一轮西部大开发的新形势下，随着综合交通运输网络的日趋完善，云南正在成为我国通往东南亚、南亚国家的便捷通道。通过对全省土地资源、水资源、环境容量、生态脆弱性、生态重要性、自然灾害、人口聚集度、经济发展水平和交通优势度 9 项指标的综合评价，全省国土空间具有以下特点：

第一，土地资源总体丰富，但可利用土地较少。土地总面积占全国陆地总面积的 4.1%，居全国第 8 位，目前人均土地面积约 0.87 公顷，比全国平均水平多 0.13 公顷。最适宜工业化、城镇化开发的坝子（盆地、河谷）土地仅占全省总面积的 6%，耕地总面积 622.49 万公顷，陡坡耕地和劣质耕地比例较大，优质耕地比例较小，主要分布在坝区，未来坝区建设用地增加的潜力极为有限。因此，云南省提出"城镇化、工业化向山地、缓坡丘陵地区发展，保护坝区耕地，完善城乡建设发展"的思路，云南省坡度 8~25 度的土地面积虽然有近 20 万平方千米，占全省国土总面积的 50%，但工业化、城镇化开发成本较高、难度较大。

第二，水资源非常丰富，但时空分布不均。2020 年全省水资源总量 1799 亿立方米，次于西藏自治区、四川省、湖南省、广西壮族自治区，排在第五位，人均水资源占有量约 3813.5 立方米，远远高于平均水平。但水资源时空分布不均，雨季（5—10 月）降雨量占全年的 85%，旱季（11 月—次年 4 月）仅占 5%；地域分布上表现为西多东少、南多北少，水资源分布与土地资源分布、经济布局严重错位，水资源开发利用难度大，平均开发利用水平仅为 7%，水资源供需矛盾十分突出，工程性、资源性、水质性缺水并存。特别是占全省经济总量 70% 左右的滇中地区仅拥有全省水资源的 15%，部分县市区人均水资源量低于国际用水警戒线。

第三，环境质量总体较好，但局部地区污染严重。据《2020 年云南省环境状况公报》[①] 显示，2020 年，云南省出境、跨界河流监测断面中，仅仅只有 1 个符合Ⅲ类标准，其他都符合Ⅱ类标准，水质优；全省主要河流水质保持稳定，水质优良的占 86.4%；劣于Ⅴ类标准、水质重度污染的断面占 3.8%。92.1% 的断面水质达到水环境功能类别。云南省湖泊、水库水质总体良好，优良率为 80.6%。其中符合Ⅰ～Ⅱ类标准、水质为优的占比 61.2%；劣于Ⅴ类标准、水质重度污染的占比 5.9%。

第四，生态类型多样，既重要又脆弱。据《2020 年云南省环境状况公报》显示，2019 年云南省森林覆盖率为 62.4%，森林面积 2392.65 万公顷，森林蓄积量 20.20 亿立方米。全省生物多样性特征显著，有高等植物 19333 多种，占全国总数的 50.1% 以上；陆生野生脊椎动物 2273 种，占全国总数

---

① 云南省生态环境厅.《2020 年云南省环境状况公报》[EB/OL].（2021–06–03）[2022–1–3]. http://sthjt.yn.gov.cn/ebook2/ebook/2020.html.

的 51.4%。但由于大部分地形较为破碎，全省生态系统脆弱性也非常突出，土壤侵蚀敏感区域超过全省总面积的 50%，其中高度敏感区占国土面积的10%；石漠化敏感区占全省国土面积的 35%，其中高度敏感区占国土面积的5%。

第五，自然灾害频发，灾害威胁较大。云南省是我国地震、地质、气象等自然灾害最频发、最严重的地区之一，常见的类型有地震、滑坡、泥石流、干旱、洪涝等。根据国家颁布的强制性标准《中国地震动参数区划图》（GB13806—2011），云南省 7 度区以上面积占国土面积的 84%，是全国平均水平的 2 倍。20 世纪中国大陆 23.6% 的 7 级以上大震，18.8% 的 6 级以上强震发生在仅占全国国土面积 4.1% 的云南省。全省记录在案的滑坡点有6000 多个、泥石流沟 3000 多条，部分对城乡居民点威胁较大。干旱、洪涝、低温冷害、大风冰雹、雷电等气象灾害发生频率高，季节性、突发性、并发性和区域性特征显著。

第六，经济聚集程度高，但人口居住分散。据国家统计局数据显示，2019 年，全省生产总值 23223.75 亿元，增速高于全国（6.1%）2.0 个百分点。云南省第七次全国人口普查主要数据显示，2020 年，全省常住人口城镇化率超过 50%。人口相对分散加重了水土流失、石漠化等生态问题，更增加了基础设施的建设成本和公共服务提供的难度。

第七，交通建设加快，但瓶颈制约仍然突出。据云南交通厅数据[①]显示："十三五"期间，云南省公路通车里程近 26.5 万千米，其中，高速公路里程超过 9006 千米，居西部前列，全省铁路营运里程超过 4233 千米，内河航道里程 5100 千米，民用航空航线里程 15.2 万千米。到"十三五"末，全省公路总里程预计超过 26.5 万千米，其中，高速公路建成通车里程达 9000 千米以上；铁路运营里程预计增加 1573 千米，达 4233 千米，高铁从无到有，运营里程达 1105 千米；民用运输机场新增 2 个，达 15 个，旅客吞吐量百万级机场 7 个；航道里程新增 855 千米，达 5108 千米；邮政快递网点达到 11457 个。但云南省公路运输比重大，占全省运输总量的 90% 以上，物流成本达 24%

---

① 云南省交通运输厅 ."十三五"以来云南省综合交通运输发展取得的成绩 [EB/OL].（2020–12–25）[2022–1–3].http://www.ynjtt.com/Item/261677.aspx.

以上，高于全国平均水平 6 个百分点；农村公路等级低，晴通雨阻严重，通达能力差，还有近 2000 个行政村不通公路。云南省通过制定和实施生态功能区划和主体功能区规划，确定合理的区域发展目标，引导调控产业发展及城镇空间布局，避免资源环境超载。

三、云南省生态功能区规划约束

2009 年云南省环境保护厅印发《云南省生态功能区划》，2018 年印发《云南省生态保护红线》对目标对象进行了详细的阐述，2020 出台《关于实施"三线一单"生态环境分区管控的意见》进一步对生态功能区管控提出新要求。

（一）《云南省生态功能区划》

2009 年云南省环境保护厅印发《云南省生态功能区划》[①]，根据云南省生态环境敏感性、生态系统服务功能分异规律及存在的主要生态问题，将云南生态功能分为 5 个一级区、19 个二级区和 65 个三级区，划定了一批对云南生态安全具有重大意义的重要生态功能区域，明确了各功能区的生态系统特征、服务功能、保护目标与发展方向，提出了相应的生态保护和建设方案。

（二）《云南省生态保护红线》

2018 年《云南省生态保护红线》的具体内容包括对生态保护红线划定的目标、对象、结果以及面积和比例的适宜性进行了详细界定[②]。划定目标，2017 年年底前，划定生态保护红线；2020 年年底前，完成生态保护红线勘界定标工作，基本建立生态保护红线制度，国土生态空间得到优化和有效保障，生态功能保持稳定，生态安全格局更加完善。到 2030 年，生态保护红线制度有效实施，生态功能显著提升，生态安全得到全面保障。其次，划定对象，按照《若干意见》和《划定指南》，结合云南生态环境保护实际，将自然保护区、国家公园、森林公园的生态保育区和核心景观区、风景名胜区的一级保护区（核心景区）、地质公园的地质遗迹保护区、世界自然遗产地

---

① 省环保厅自然处.云南省环境保护厅关于印发《云南省生态功能区划》的通知 [EB/OL].（2009-9-07）[2022-1-3].http://sthjt.yn.gov.cn/zwxx/zfwj/yhf/200911/t20091117_10527.html.

② 云南省人民政府办公厅.云南省人民政府关于发布云南省生态保护红线的通知 [EB/OL].（2018-06-29）[2022-1-3].http://www.yn.gov.cn/zwgk/zcwj/yzf/201911/t20191101_184159.html.

的核心区和缓冲区、湿地公园的湿地保育区和恢复重建区、重点城市集中式饮用水水源保护区的一二级保护区、水产种质资源保护区的核心区、九大高原湖泊的一级保护区、牛栏江流域水源保护核心区和相关区域、重要湿地、极小种群物种分布栖息地、原始林、国家一级公益林、部分国家二级公益林及省级公益林、部分天然林、相对集中连片的草地、河湖自然岸线和海拔3800米树线以上区域，以及科学评估结果为生态功能极重要区和生态环境敏感极重要区划入生态保护红线。然后划定结果。全省共划定生态保护红线总面积11.84万平方千米，占国土面积的30.90%。从空间分布来看，主要分布在青藏高原南缘滇西北高山峡谷区、哀牢山—无量山山地、南部边境热带森林区等生物多样性富集及水源涵养重要区域，以及金沙江、澜沧江、红河干热河谷地带和东南部喀斯特地带水土保持重要区域，构成了云南省"三屏两带"的生态保护红线空间分布格局。按照生态系统服务功能，把生态保护红线分为三大类型，11个分区。

划定效益。一是强调了生态保护红线划定，使全省约59%的森林、42%的灌丛、33%的草地和59%的湿地等重要生态系统保护得到加强，强化了生态系统之间的有机联系，系统保护了生物多样性维护、水源涵养及水土保持等生态功能。二是生态保护红线划定，将自然保护区、世界自然遗产地、九大高原湖泊、牛栏江流域水源保护区、公益林、原始林、极小种群物种分布栖息地等保护地以及干热河谷区、东南部喀斯特地带、海拔3800米树线以上区域等生态敏感脆弱区域纳入生态保护红线进行严格保护，使全省90%以上的典型生态系统和85%以上的重要物种保护得到加强，为遏制森林、草地、河湖等生态功能退化，抑制物种及遗传资源流失和生物多样性丧失，控制水土流失、土地石漠化等突出生态问题打牢了基础。三是生态保护红线的划定，将六大水系上游区，特别是金沙江、怒江、澜沧江、伊洛瓦底江等约70%的面积纳入生态保护红线；九大高原湖泊100%，金沙江、澜沧江60%以上，红河、怒江50%以上的自然岸线纳入生态保护红线，将对维护好大江大河上游水源涵养功能，保持水土，保护水资源、水生态及水环境发挥重要作用。四是生态保护红线的划定，将国家公园、森林公园、风景名胜区、地质公园、湿地公园、重点城市集中式饮用水水源地、水产种质资源保护区、重要湿地、重要种质资源保护区（点）等划入生态保护红线，保护了最基本的生态资源和生命线，保障了全省约80%以上城镇人口饮水安全，同时引导人口分布、经济布局与资源环境承载能力相适应，促进各类资源集约节约利用，为经济社会可持续发展提供生态支撑。

划定面积和比例的适宜性。国家明确规定的9类国家级和省级禁止开发区，以及有必要实施严格保护的极小种群物种分布栖息地、国家一级公益林、重要湿地、水土流失重点预防区、野生植物集中分布地、自然岸线、雪山冰川、高原冻土等重要生态保护地，并结合云南保护实际，将具有特殊重要生态功能和保护价值的原始林、部分国家二级公益林、部分天然林、相对集中连片的草地，干热河谷及东南部喀斯特部分区域和海拔3800米树线以上区域等生态敏感脆弱区域划入生态保护红线进行严格保护，生态保护红线划定面积11.84万平方千米，占全省总面积的30.90%，使全省重要生态系统、最珍贵的地带性植被、珍稀濒危物种栖息地，以及六大水系上游区约70%的面积得到了保护，提高了生态系统服务功能，系统保护了山水林田湖草，基本满足了生态保护的需要，又兼顾了支撑全省经济发展的现实需求，为今后经济社会发展预留了空间，保障了经济社会可持续发展。

（三）《关于实施"三线一单"生态环境分区管控的意见》

2020年11月，云南省人民政府办公厅印发的《云南省人民政府关于实"三线一单"生态环境分区管控的意见》明确指出，以习近平新时代中国特色社会主义思想为指导，全面贯彻党的十九大和十九届二中、三中、四中、五中全会精神，深入贯彻落实习近平生态文明思想和习近平总书记考察云南重要讲话精神，坚持生态优先、绿色发展，按照"守底线、优格局、提质量、保安全"的总体思路，以构建生态环境分区管控体系为目标，加强统筹衔接，强化空间管制，采取分类保护、分区管控措施，加快形成节约资源和保护环境的空间格局，努力把云南建设成为全国生态文明建设排头兵和中国最美丽省份。2020年云南省出台《关于实施"三线一单"生态环境分区管控的意见》提出总体管控目标，到2020年底，初步建立以"三线一单"为核心的生态环境分区管控体系，基本实现成果共享和应用。到2025年，建立较为完善的"三线一单"技术体系、政策管理体系、数据共享系统和成果应用机制，形成以"三线一单"生态环境分区管控体系为基础的区域生态环境管理格局，实现生态环境管理空间化、信息化、系统化、精细化，推动生态环境高水平保护，促进经济高质量发展。

第二节　生态红线

一、云南省生态红线概况

为深入贯彻习近平生态文明思想和党的十九大精神，落实习近平总书记关于划定并严守生态保护红线的重要论述和视察云南重要讲话精神，进一步优化云南省国土空间，稳定生态功能，巩固生态屏障，维护国家重要的生物多样性宝库，筑牢西南生态安全屏障，云南省人民政府印发了《关于发布云南省生态保护红线的通知》（以下简称《通知》）。云南是国家重要的生物多样性宝库和西南生态安全屏障，也是六大重要国际、国内河流的上游或发源地，生态区位极为重要。近年来，随着经济社会的持续快速发展，生态空间被挤占和破坏、生态环境敏感脆弱等生态问题日益凸显，生态环境保护面临较大压力。划定并严守生态保护红线，是贯彻落实党中央、国务院重大决策部署的重要举措，是云南省委、省政府深化改革的重大任务，也是云南留住绿水青山、建设生态文明排头兵的必然要求和保障国家及云南生态安全的迫切需要。生态保护红线的划定将对云南生态环境保护和经济社会发展产生深远影响。

确立生态保护红线优先地位，生态保护红线划定后，相关规划要符合生态保护红线空间管控要求，不符合的要及时进行调整。空间规划编制要将生态保护红线作为重要基础，发挥生态保护红线对于国土空间开发的底线作用。实行严格管控，生态保护红线原则上按禁止开发区域的要求管理，严禁不符合主体功能定位的各类开发活动，严禁任意改变用途，生态保护红线面积只能增加、不能减少，确保生态功能不降低、面积不减少、性质不改变。建立和完善生态保护红线综合监测网络体系，建设监管平台，开展定期评价。强化执法监督，建立生态保护红线常态化执法机制，定期开展执法督查。建立考核机制，严格责任追究，对违反生态保护红线管控要求、造成生态破坏的部门、地方、单位和责任人员，按照有关法律法规和规定追究责任。完善政策机制，因地制宜制定生态保护红线有关政策。加强生态保护与修复，把生态保护红线保护与修复作为山水林田湖草生态保护和修复的重要内容。加大政策宣传教育，畅通监督举报渠道，推动形成全民参与、全社会共同保护的良好格局，确保生态保护红线守得住、有权威。①

全省生态保护红线面积 11.84 万平方千米，占国土面积的 30.90%。基本格局呈"三屏两带"。"三屏"：青藏高原南缘滇西北高山峡谷生态屏障、哀牢山—无量山山地生态屏障、南部边境热带森林生态屏障。"两带"：金沙江、澜沧江、红河干热河谷地带，东南部喀斯特地带。包含生物多样性维护、水源涵养、水土保持三大红线类型，11 个分区②。

二、云南省生态保护红线的具体要求

（一）滇西北高山峡谷生物多样性维护与水源涵养生态保护红线

该区域位于云南省西北部，涉及保山、大理、丽江、怒江、迪庆 5 个州、市，面积 3.54 万平方千米，占全省生态保护红线面积的 29.90%，是全省海拔最高的地区，为典型的高山峡谷地貌分布区。受季风和地形影响，立体气候极为显著。植被以中山湿性常绿阔叶林、暖温性针叶林、温凉性针叶林、寒温性针叶林、高山亚高山草甸等为代表。重点保护物种有滇金丝猴、白眉长臂猿、云豹、雪豹、金雕、云南红豆杉、珙桐、澜沧黄杉、大果红杉、油麦吊云杉等珍稀动植物。已建有云南白马雪山国家级自然保护区、云南高黎贡山国家级自然保护区、香格里拉哈巴雪山省级自然保护区、三江并流世界自然遗产地等保护地。

（二）哀牢山—无量山山地生物多样性维护与水土保持生态保护红线

该区域位于云南省中部，地处云贵高原、横断山脉和青藏高原南缘三大

---

① 云南划定生态保护红线守护绿水青山 [EB/OL].（2018-7-3）[2022-1-3].https：//baijiahao.baidu.com/s?id=16049815720062288443&wfr=spider&for=pc.

② 云南省人民政府办公厅.云南省人民政府关于发布云南省生态保护红线的通知 [EB/OL].（2018-06-29）[2022-1-3].http：//www.yn.gov.cn/zwgk/zcwj/yzf/201911/t20191101_184159.html.

地理区域的接合部，涉及玉溪、楚雄、普洱、大理 4 个州、市，面积 0.86 万平方千米，占全省生态保护红线面积的 7.26%。受东南季风和西南季风影响，干湿季分明。植被以季风常绿阔叶林、中山湿性常绿阔叶林等为代表。重点保护物种有西黑冠长臂猿、绿孔雀、云南红豆杉、篦齿苏铁、银杏、长蕊木兰等珍稀动植物。已建有云南哀牢山国家级自然保护区、云南无量山国家级自然保护区等保护地。

（三）南部边境热带森林生物多样性维护生态保护红线

该区域位于云南省南部边境，涉及红河、文山、普洱、西双版纳、临沧 5 个州、市，面积 1.68 万平方千米，占全省生态保护红线面积的 14.19%。地貌以中、低山地为主，宽谷众多，常年高温高湿。植被以热带雨林、季雨林、季风常绿阔叶林、暖热性针叶林等为代表。重点保护物种有亚洲象、印度野牛、白颊长臂猿、印支虎、苏铁、桫椤、望天树、华盖木等珍稀动植物。已建有云南西双版纳国家级自然保护区、云南纳板河流域国家级自然保护区、云南金平分水岭国家级自然保护区、云南黄连山国家级自然保护区、富宁驮娘江省级自然保护区等保护地。

（四）大盈江—瑞丽江水源涵养生态保护红线

该区域位于云南省西部，涉及德宏州，面积 0.33 万平方千米，占全省生态保护红线面积的 2.79%。该区域山脉纵横，地势高差明显，沿河平坝与峡谷相间。受西南季风影响，雨量充沛，全年冷热变化不显著。植被以热带雨林、季雨林、季风常绿阔叶林、中山湿性常绿阔叶林等为代表。重点保护物种有白眉长臂猿、印度野牛、熊猴、云豹、东京龙脑香、篦齿苏铁、云南蓝果树、尊翅藤、鹿角蕨等珍稀动植物。已建有瑞丽江—大盈江国家级风景名胜区、云南铜壁关省级自然保护区等保护地。

（五）高原湖泊及牛栏江上游水源涵养生态保护红线

该区域位于云南省中西部，地势起伏和缓，涉及昆明、玉溪、红河、大理、丽江 5 个州、市，面积 0.57 万平方千米，占全省生态保护红线面积的 4.81%，是云南省构造湖泊和岩溶湖泊分布最集中的区域。植被以半湿润常绿阔叶林、暖温性针叶林、暖温性灌丛等为代表。重点保护物种有白腹锦鸡、云南闭壳龟、糠浪白鱼、滇池金线鲃、大理弓鱼、宽叶水韭、西康玉兰等珍稀动植物。

已建有云南苍山洱海国家级自然保护区、金殿国家森林公园、抚仙—星云湖泊省级风景名胜区、石屏异龙湖省级风景名胜区等保护地。

（六）珠江上游及滇东南喀斯特地带水土保持生态保护红线

该区域位于云南省东部和东南部，涉及昆明、曲靖、玉溪、红河、文山5个州、市，面积1.45万平方千米，占全省生态保护红线面积的12.25%。岩溶地貌发育，是红河、珠江等重要河流的源头和上游区域，以中亚热带季风气候为主。植被以季风常绿阔叶林、半湿润常绿阔叶林、暖温性针叶林、石灰岩灌丛等为代表。重点保护物种有灰叶猴、蜂猴、金钱豹、黑鹳、华盖木、云南拟单性木兰、云南穗花杉、毛枝五针松、钟尊木等珍稀动植物。已建有云南文山国家级自然保护区、石林世界自然遗产地、丘北普者黑国家级风景名胜区等保护地。

（七）怒江下游水土保持生态保护红线

该区域位于云南省西南部，怒江下游地区，涉及保山、临沧2个市，面积0.32万平方千米，占全省生态保护红线面积的2.70%。地貌以中山山地与宽谷盆地为主，兼具北热带和南亚热带气候特征。植被以季雨林、季风常绿阔叶林、中山湿性常绿阔叶林等为代表。重点保护物种有白掌长臂猿、灰叶猴、孟加拉虎、绿孔雀、黑秒锣、藤枣、董棕、三棱栋、四数木等珍稀动植物。已建有云南永德大雪山国家级自然保护区、镇康南捧河省级自然保护区等保护地。

（八）澜沧江中山峡谷水土保持生态保护红线

该区域位于云南省西南部，澜沧江中下游，涉及保山、普洱、大理、临沧4个州、市，面积1.07万平方千米，占全省生态保护红线面积的9.04%。以中山河谷地貌为主，降水丰富，干湿季分明。植被以季雨林、季风常绿阔叶林、落叶阔叶林、暖热性针叶林、暖温性针叶林为代表。重点保护物种有蜂猴、穿山甲、绿孔雀、巨蜥、蟒蛇、苏铁、千果榄仁、大叶木兰、红椿等珍稀动植物。已建有临沧澜沧江省级自然保护区、景谷威远江省级自然保护区、耿马南汀河省级风景名胜区等保护地。

（九）金沙江干热河谷及山原水土保持生态保护红线

该区域位于滇川交界的金沙江河谷地带，涉及昆明、楚雄、大理、丽江

4个州、市，面积0.87万平方千米，占全省生态保护红线面积的7.35%。以中山峡谷地貌为主，气候高温少雨。植被以干热河谷稀树灌木草丛、干热河谷灌丛、暖温性针叶林等为代表。重点保护物种有林麝、中华鬣羚、穿山甲、黑翅鸢、红凛疵鲸、攀枝花苏铁、云南红豆杉、丁茜、平当树等珍稀动植物。已建有云南轿子雪山国家级自然保护区、楚雄紫溪山省级自然保护区、元谋省级风景名胜区等保护地。

（十）金沙江下游—小江流域水土流失控制生态保护红线

该区域位于云南省东北部，涉及昆明、曲靖、昭通3个市0.73万平方千米，边缘的中山峡谷区占全省生态保护红线面积的6.17%，面积是高原四季分明，夏季高温多雨、冬季温和湿润。植被以半湿润常绿阔叶林、落叶阔叶林、暖温性针叶林、亚高山草甸等为代表。重点保护物种有金钱豹、云豹、小熊猫、大灵猫、大鲵、南方红豆杉、珙桐、连香树、异颖草等珍稀动植物。已建有云南大山包黑颈鹤国家级自然保护区、云南药山国家级自然保护区、云南乌蒙山国家级自然保护区、云南会泽黑颈鹤国家级自然保护区等保护地。

（十一）红河（元江）干热河谷及山原水土保持生态保护红线

该区域位于云南省中南部，红河（元江）中下游地区，涉及玉溪、楚雄、红河3个州、市，面积0.42万平方千米，占全省生态保护红线面积的3.55%。以中山河谷地貌为主，降水量少，气温高。植被以季风常绿阔叶林、干热河谷稀树灌木草丛等为代表。重点保护物种有蜂猴、短尾猴、绿孔雀、巨蜥、蟒蛇、桫椤、元江苏铁、水青树、鹅掌楸、董棕等珍稀动植物。已建有云南元江国家级自然保护区、建水国家级风景名胜区、个旧蔓耗省级风景名胜区等保护地。[①]

三、云南省生态红线保护的新机制

云南省严格按照《云南省环境功能区划》中对不同空间的环境定位，加强环境保护分类指导，执行不同区域差别化的环保准入要求，提高环境保护主动优化经济发展工作水平。在云南省生态保护红线区划定的基础上，实行

---

① 云南省人民政府关于发布云南省生态保护红线的通知 [EB/OL]．（2018-06-29）[2022-1-3]．http：//www.yn.gov.cn/zwgk/zcwj/zxwj/201911/t20191101_184159.html．

分级分类管控。制定《云南省生态保护红线区域保护监督管理考核暂行办法》，明确各区（园区）政府主体责任和相关部门的监管责任，切实把生态红线的刚性约束落实在项目引进、项目审批、土地利用等环节，实现最严格的空间保护，形成生态红线保护的新机制。实施严格的区域准入控制。在云南省城镇体系规划、产业布局规划及环境保护规划框架下，针对不同区域，实行差别化的环境准入严控制度，促进区域布局优化调整，实施严格的流域准入控制。

一是提高思想认识。扎实做好红线评估优化工作，为国土空间规划编制夯实工作基础。二是跳出几个误区。跳出生态保护红线评估调整就是"重新划定、推倒重来"的认识误区。跳出生态保护红线就是"禁区、无人区"的认识误区。跳出划定生态保护红线就是"绝对保护、经济社会发展就停滞"的认识误区。三是做到几个统一。即数据统一、底图统一、机制统一、流程统一。四是严格调整规则。将具有重要水源涵养、生物多样性维护、水土保持等功能的生态功能极重要区域，敏感脆弱的水土流失、石漠化等区域、各类保护地和其他经评估目前虽然不能确定但具有潜在重要生态价值的区域优先划入生态保护红线，做到应划尽划。调出生态保护红线，应充分结合相关规划、文件、矿业权证、影像资料等开展举证工作，并评估对红线生态功能的影响程度，充分说明调出的合理性。调入生态保护红线，县级人民政府应牵头组织林草、环境等相关部门对其生态功能重要性、生态环境敏感脆弱性等进行充分评估并出具意见，并加强与国土空间规划、开发保护规划、交通基础设施等相关规划的协调衔接。从极敏感、极重要区域调入以及自然保护地等调入的，不需开展评估，但需相关部门出具意见。五是把握工作重点。要全面收集生态功能极重要、生态环境极敏感脆弱、极小物种栖息地、水产种质资源保护区等相关资料。协调好三条控制线交叉重叠问题，保证生态功能区的系统性和完整性、永久基本农田的适度合理规模和稳定性。六是管好技术队伍。要提高技术队伍认识，加强技术单位培训。准确把握生态保护红线评估优化的工作要求，确保成果质量符合实际、满足要求。七是加强监督保障。2019年11月30日前，完成县（市、区）评估调整、自检自查，形成自查报告，并上报至州（市）进行初审。2019年12月10日前，完成州（市）

初审工作，形成州（市）自查报告并联合上报，由省自然资源厅牵头组织省林草局、生态环境厅等对成果进行审核。

第三节 "三线一单"管控要求

2017年12月25日，环境保护部通过《"生态保护红线、环境质量底线、资源利用上线和环境准入负面清单"编制技术指南（试行）》。会议指出，编制"三线一单"，是贯彻落实党中央、国务院决策部署，推动形成绿色发展方式和生活方式的重要举措，是推进区域和规划环评落地、完善国土空间治理体系的重要抓手。必须进一步提高政治站位，充分认识编制并落实"三线一单"的重要意义，将其作为加强生态文明建设和生态环境保护的重要基础性工作抓紧抓实抓好，扭转生态环境保护在经济社会发展综合决策中从属、被动局面，改变环保部门在自然生态管理方面基础较为薄弱的状况。

会议认为，"三线一单"前期工作取得积极成效，积累了一定经验。下一步，要选择一个区域或者流域进行"三线一单"编制和实施试点，发挥示范引领作用。要加快研究制定"三线一单"配套措施，建立区域环评、规划环评、项目环评管控体系，做好与生态环境保护领域相关改革举措、有关法律法规制修订的衔接。

一、"三线一单"的概念

"三线一单"是以改善环境质量为核心，将生态保护红线、环境质量底线、资源利用上线落实到不同的环境管控单元，并建立环境准入负面清单的环境分区管控体系。"三线一单"是推动生态环境保护管理系统化、科学化、法治化、精细化、信息化的重要抓手，是推进战略和规划环评落地、环境保护参与空间规划和优化国土空间格局的基础支撑，是实施环境空间管控、强化源头预防和过程监管的重要手段。

（一）生态保护红线

工作要求是按照"生态功能不降低、面积不减少、性质不改变"的原则，根据《关于划定并严守生态保护红线的若干意见》《生态保护红线划定指南》

要求，划定生态空间，明确生态保护红线。利用地理国情普查、土地调查及变更数据，提取森林、湿地、草地等具有自然属性的国土空间。按照《生态保护红线划定技术指南》，开展区域生态功能重要性评估（水源涵养、水土保持、防风固沙、生物多样性保护）和生态环境敏感性评估（水土流失、土地沙化、石漠化、盐渍化），按照生态功能重要性依次划分为一般重要、重要和极重要 3 个等级，按照生态环境敏感性依次划分为一般敏感、敏感和极敏感 3 个等级，识别生态功能重要、生态敏感脆弱区域分布。

根据生态评价结果，对生态功能极重要和重要区域，生态极敏感和敏感区域进行叠加合并，并与各类保护地、禁止开发区域进行校验，识别以提供生态服务和生态产品为主导功能的重要生态区域。生态空间划定。综合考虑区域生态系统完整性、稳定性，结合区域生态安全格局，基于重要生态功能区、保护区和其他有必要实施保护的陆域、水域和海域，衔接土地利用和城市建设边界，划定生态空间。生态空间原则上按限制开发区域管理。

已经划定生态保护红线的城市，严格落实生态保护红线方案和管控要求。尚未划定生态保护红线的城市，按照《生态保护红线划定技术指南》划定。生态保护红线实施最严格的保护措施，原则上禁止一切与保护无关的项目准入。

（二）环境质量底线

工作要求是遵循环境质量"只能更好、不能变坏"的原则，衔接相关规划环境质量目标和限期达标要求，确定分区域、分流域、分阶段的环境质量底线目标，评估污染源排放与环境质量的响应关系，确定基于底线目标的污染物排放总量控制和重点区域环境管控要求。

以改善环境质量、保障生态安全为目的，确定水资源开发，土地资源利用，能源消耗的总量、强度、效率等要求。基于自然资源资产"保值增值"的基本原则，确定自然资源保护和开发利用要求，保障自然资源资产"数量不减少、质量不降低"。

水资源利用要求衔接。通过历史趋势分析、横向对比、指标分析等方法，分析近 5~10 年水资源供需状况。衔接既有水资源管理制度，梳理用水总量、地下水开采总量和最低水位线、万元 GDP 用水量、万元工业增加值用水量、灌溉水有效利用系数等水资源开发利用管理要求，作为水资源利用上线管控要求。生态需水量测算。基于水生态功能保障和水环境质量改善要求，对涉及重要功能（如饮用水源）、断流、严重污染、水利水电梯级开发等河段，测算生态需水量，纳入水资源利用上线。重点管控区确定。根据生态需水量测算结果，将相关河段作为生态用水补给区，实施重点管控。

根据地下水超采、地下水漏斗、海水入侵等状况，衔接各部门地下水开采相关空间管控要求，将地下水严重超采区、已发生严重地面沉降、海（咸）水入侵等地质环境问题的区域，以及泉水涵养区等需要特殊保护的区域划为地下水开采重点管控区。

（三）资源利用上线

土地资源利用上线。土地资源利用要求衔接，通过历史趋势分析、横向对比、指标分析等方法，分析城镇、工业等土地利用现状和规划，评估土地资源供需形势。衔接国土资源、规划、建设等部门对土地资源开发利用总量及强度的管控要求，作为土地资源利用上线管控要求。重点管控区确定，考虑生态环境安全，将土壤污染风险重点防控区等不适宜开发的区域确定为土地资源重点管控区。

能源利用上线。能源利用要求衔接，综合分析区域能源禀赋和能源供给能力，衔接国家、省、市能源利用相关政策与法规、能源开发利用规划、能源发展规划、节能减排规划，梳理能源利用总量、结构和利用效率要求，作为能源利用上线管控要求。

煤炭消费总量确定。已经下达或制定煤炭消费总量控制目标的城市，严格落实相关要求；尚未下达或制定煤炭消费总量控制目标的城市，以大气环境质量改善目标为约束，测算未来能源供需状况，采用污染排放贡献系数等方法，确定煤炭消费总量。重点管控区确定，考虑大气质量改善要求，在人口密集、污染排放强度高的区域优先划定禁煤区，作为重点管控区。

自然资源资产核算衔接。根据《自然资源资产负债表试编制度（编制指南）》，记录各区县行政单元区域内耕地、草地等土地资源面积数量和质量等级，天然林、人工林等林木资源面积数量和单位面积蓄积量，水库、湖泊等水资源总量、水质类别和大气环境质量，各类生态空间和生态保护红线面积等自然资源资产期初、期末的实物量，核算自然资源资产数量和质量变动情况，编制自然资源资产负债表，构建各行政单元内自然资源资产数量增减和质量变化统计台账。重点管控区确定，根据各区县耕地、草地、森林、水库、湖泊等资源校算结果，加强对数量减少、质量下降的自然资源开发管控。将自然资源数量减少、质量下降的区域作为自然资源重点管控区。

根据生态保护红线、生态空间、环境质量底线、资源利用上线的分区管控要求，衔接乡镇和区县行政边界，综合划定环境管控单元，实施分类管控。各地可根据自然环境特征、人口密度、开发强度和精细化管理基础，合理确定环境管控单元的空间尺度。

将规划城镇建设区、乡镇街道、工业集聚区等边界与生态保护红线、生态空间、水环境重点管控区、大气环境重点管控区、土壤污染风险重点防控区、资源利用上线的空间管控要求等进行叠加，采用逐级聚类的方法，确定管控单元。

分析各环境管控单元生态、水、大气、土壤等环境要素的区域功能及自然资源利用的保护、管控要求等，将环境管控单元划分为优先保护类、重点管控类和一般管控类。优先保护单元包括生态保护红线、生态空间、水环境优先保护区、环境空气一类功能区等。

（四）环境准入负面清单

工作要求是根据环境管控单元涉及的限制性因素，统筹生态环境空间管控、环境质量底线管理、资源利用上限约束等管理要求，提出空间布局、污染物排放、资源开发利用等禁止和限制的分类准入要求，集成并落实到环境管控单元。环境管控单元涉及多项限制性因素的，汇总各项准入要求，相关要求有重复的，按照"就高不就低"原则制定管控要求。生态保护红线区按照《关于划定并严守生态保护红线的若干意见》的要求，实行最严格的保护政策，严禁一切与保护无关的开发活动，已被破坏的限期恢复。生态保护红线内的自然保护区、风景名胜区、饮用水水源保护区等已有法律法规管控要求的区域，遵照相关法律法规实施管控；生态空间原则上按限制开发区的要求进行管理。按照生态空间用途分区，依法制定区域准入条件，明确允许、限制、禁止的准入清单和开发强度。禁止有损保护对象及生态环境和资源的活动和行为。区域内已有工业企业的，应根据环境影响程度，明确退出机制；水环境优先保护区结合水环境状况变化趋势，针对水环境保护特定类型（如敏感水体和重要物种保护、风险防控、功能保障等）及主要问题，提出禁止向水环境排放污染物、水电开发展限制性条件等保护性要求；大气环境优先保护区执行最严格的空气质量标准，禁止新建、扩建排放大气污染物的工业企业和设施，并明确区内和周边现有排放大气污染物企业退出机制；水环境工业污染重点管控区将污染物排放总量限值、新增源减量置换和存量源污染治理要求纳入管控区环境准入负面清单。还应明确重点行业的污染物总量排放限值、倍量削减、更严格的污染物排放限值和其他环境准入要求。应禁止准入加剧环境质量超标状况的建设项目；水环境城镇生活污染重点管控区明确主要污染物排放总量、用水效率、环境基础设施建设等生态环境管控要求。城市建成区应完成雨污分流和污水管网配套建设。

二、"三线一单"的基本原则

加强统筹衔接。衔接生态保护、环境质量管理、环境承载能力监测预警、空间规划、战略和规划环评等工作，统筹实施分区环境管控。强化空间管控。集成生态保护红线、生态空间、环境质量底线、资源利用上线的环境管控要求，形成以环境管控单元为基础的空间管控体系。突出差别准入。针对不同的环境管控单元，从空间布局、污染物排放、资源开发利用等方面制定差异化的环境准入要求，促进精细化管理，实施动态更新。随着绿色发展理念深化、生态文明建设推进、环境保护要求提升、社会经济技术进步等因素变化，"三线一单"相关管理要求逐步完善、动态更新。

系统收集整理区域生态环境及经济社会等基础数据，开展综合分析评价，划定生态保护红线、环境质量底线、资源利用上线，明确环境管控单元，提出环境准入负面清单。

三、"三线一单"的主要任务

开展基础分析，建立工作底图。收集整理基础地理、生态环境、国土开发等数据资料，开展自然环境状况、资源能源禀赋、社会经济发展和城镇化形势等方面的综合分析，建立统一规范的工作底图。

明确生态保护红线，划定生态空间。开展生态评价，识别需要严格保护的区域，提出以生态保护红线、生态空间为重点内容的分级分类管控要求，形成生态空间与生态保护红线图。

确立环境质量目标，提出排放总量限值。开展水、大气和土壤环境评价，明确各要素空间差异化的环境功能属性，合理确定分区域、分阶段的环境质量目标与污染物排放总量限值，识别需要重点管控的区域，形成大气环境质量底线、排放总量限值及重点管控区图，水环境质量底线、排放总量限值及重点管控区图，土壤污染风险重点防控区图。

划定资源利用上限，明确管控要求。从生态环境质量维护改善、自然资源资产"保值增值"等角度，提出水资源开发，土地资源利用，能源消耗的总量、强度、效率等要求和其他自然资源数量和质量要求，形成土地资源重点管控区图，生态用水补给区图，地下水开采重点管控区图、禁煤区图、其他自然资源重点管控区图。

综合各类分区，确定环境管控单元。结合生态、大气、水、土壤等环境要素及自然资源的分区成果，衔接乡镇或区县行政边界，建立功能明确、边界清晰的环境管控单元，实施分类管理，形成环境管控单元分类图。

统筹分区管控要求，建立环境准入负面清单。基于环境管控单元，统筹生态保护红线、环境质量底线、资源利用上线的分区管控要求，明确空间布局、污染物排放、资源开发利用等禁止和限制的环境准入情形，建立环境准入负面清单。

四、"三线一单"具体管控要求

基于《云南省人民政府关于实施"三线一单"生态环境分区管控的意见》提出总体目标：到 2020 年底，初步建立以"三线一单"为核心的生态环境分区管控体系，基本实现成果共享和应用。到 2025 年，建立较为完善的"三线一单"技术体系、政策管理体系、数据共享系统和成果应用机制，形成以"三线一单"生态环境分区管控体系为基础的区域生态环境管理格局，实现生态环境管理空间化、信息化、系统化、精细化，推动生态环境高水平保护，促进经济高质量发展。

（一）生态保护红线和一般生态空间

执行省人民政府发布的《云南省生态保护红线》，将未划入生态保护红线的自然保护地、饮用水水源保护区、重要湿地、基本草原、生态公益林、天然林等生态功能重要、生态环境敏感区域划为一般生态空间。

（二）云南省环境质量底线

1. 水环境质量底线

到 2020 年底，云南省水环境质量总体良好，纳入国家考核的 100 个地表水监测断面水质优良（达到或优于Ⅲ类）的比例达到 73% 以上，劣于Ⅴ类的比例控制在 6% 以内，省级考核的 50 个地表水监测断面水质达到水环境功能要求；九大高原湖泊水质稳定改善，达到考核目标；珠江、长江和西南诸河流域优良水体比例分别达到 68.7%、50% 和 91.7% 以上；州市级、县级集中式饮用水水源水质达到或优于Ⅲ类的比例分别达到 97.2%、95% 以上；地级城市建成区黑臭水体消除比例达到 95% 以上。到 2025 年，纳入国家和省级考核的地表水监测断面水质优良率稳步提升，重点区域、流域水环境质量进一步改善，基本消除劣Ⅴ类水体，集中式饮用水水源水质巩固改善。到 2035 年，地表水体水质优良率全面提升，各监测断面水质达到水环境功能要求，消除劣Ⅴ类水体，集中式饮用水水源水质稳定达标。

2. 大气环境质量底线

到 2020 年底，云南省环境空气质量总体保持优良，二氧化硫、氮氧化物排放总量较 2015 年下降 1%；细颗粒物（PM2.5）和可吸入颗粒物（PM10）等主要污染指标得到有效控制；州市级城市环境空气质量达到国家二级标准，优良天数比率达到 97.2% 以上。到 2025 年，环境空气质量稳中向好，州市级城市环境空气质量稳定达到国家二级标准。到 2035 年，环境空气质量全面改善，州市级、县级城市环境空气质量稳定达到国家二级标准。

3. 土壤环境风险防控底线

到 2020 年底，云南省土壤环境质量总体保持稳定，农用地和建设用地土壤环境安全得到基本保障，土壤环境风险得到基本管控；受污染耕地安全利用率达到 80% 左右，污染地块安全利用率不低于 90%。到 2025 年，土壤环境风险防范体系进一步完善，受污染耕地安全利用率和污染地块安全利用率进一步提高。到2035年，土壤环境质量稳中向好，农用地和建设用地土壤环境安全得到有效保障，土壤环境风险得到全面管控。

（三）云南省资源利用上线

1.水资源利用上线

到2020年底，云南省年用水总量控制在214.6亿立方米以内。

2.土地资源利用上线

到2020年底，云南省耕地保有量不低于584.53万公顷，基本农田保护面积不低于489.4万公顷，建设用地总规模控制在115.4万公顷以内。

3.能源利用上线

到2020年底，云南省万元地区生产总值能耗较2015年下降14%，能源消费总量控制在国家下达目标以内，非化石能源消费量占能源消费总量比重达到42%。

（四）云南省构建生态环境分区管控体系

1.明确总体管控和分类管控要求

总体管控要求。严格落实生态环境保护法律法规标准和有关政策，强化污染防治和自然生态系统保护修复，改善区域生态环境质量。按照区域环境承载能力，优化产业空间布局，加快产业结构调整，严格环境准入，强化污染物排放管控，实现固定污染源排污许可全覆盖。充分考虑水资源、水环境承载力，坚持以水定城、以水定地、以水定人、以水定产。保护优良水体和饮用水源，整治不达标水体，统筹推进水污染防治、水生态保护和水资源管理，全面改善水环境质量。巩固提高环境空气质量，调整优化产业、能源、运输和用地结构，加快城市建成区重污染企业搬迁改造或关闭退出，加强"散乱污"企业综合整治。深化工业污染治理，加大机动车污染防治和扬尘综合治理力度，加强秸秆综合利用，强化大气污染联防联控。加强土壤污染防治，对农用地实施分类管理，对建设用地实行准入管理，确定土壤环境重点监管企业名单，实施土壤污染风险管控和修复名录制度，对污染地块开发利用实行联动监管。严守资源利用上限，实行能源和水资源消耗、建设用地等总量和强度双控，实施工业节能增效，加快发展清洁能源和新能源。

分类管控分优先保护单元、重点管控单元以及一般管控单元。优先保护单元，按照国家生态保护红线有关要求进行管控。重点管控单元，主要包括开发区及工业集中区重点管控单元，城镇生活污染重点管控单元，土壤污染重点管控单元，农业面源污染重点管控单元，矿产资源重点管控单元，大气环境布局敏感、弱扩散重点管控单元。一般管控单元，落实生态环境保护基本要求，项目建设和运行应满足产业准入、总量控制、排放标准等管理规定。

2. 制定各类管控单元生态环境准入清单

云南省共划分 1164 个生态环境管控单元，其中优先保护单元共 383 个，包含生态保护红线和一般生态空间，主要分布在滇西北山区、南部边境山区、哀牢山和无量山、滇东南喀斯特石漠化防治区、金沙江干热河谷、高原湖泊湖区等重点生态功能区域。重点管控单元，共 652 个，包含开发强度高、污染物排放强度大、环境问题相对集中的区域和大气环境布局敏感、弱扩散区等，主要分布在滇中城市群、九大高原湖泊流域、各类开发区和工业集中区、城镇规划区及环境质量改善压力较大的区域。一般管控单元。共 129 个，为优先保护、重点管控单元之外的区域。

第四章 云南省绿色发展战略举措

第一节 云南省绿色发展的战略意义

绿水青山、蓝天白云是云南的亮丽名片和宝贵财富，也是不可替代的后发经济优势。云南省新的定位和任务是"争当生态文明建设排头兵"。云南省地理气候环境特殊，拥有良好的生态环境和自然禀赋，是西南乃至国际区域性的重要生态安全屏障，坚持绿色发展对云南意义重大。绿色发展是建立在生态环境容量和资源承载力的约束条件下，以效率、和谐、持续为目标，将环境保护作为实现可持续发展重要支柱的一种经济增长和社会发展方式。

近年来，云南省高位推动绿色发展，生态文明建设成效显著。"十二五"时期，云南省促进绿色发展，着力推进生态云南建设，增强绿色发展对生态建设的基础性和核心性支撑作用，建设资源节约型和环境友好型社会。在"十三五"规划建议中，云南省把生态文明提到了更加突出的位置，绿色发展的目标、理念、路径更加清晰，内涵更加丰富。《云南省委关于制定国民经济和社会发展第十三个五年规划的建议》[①]明确提出，"十三五"期间，全省生态建设和环境保护实现新突破。绿色、低碳生产方式和生活方式逐步落实，主要生态系统步入良性循环，森林覆盖率进一步提高。能源资源开发利用效率大幅提高，能源和水资源消耗、建设用地、碳排放总量得到有效控制，主要污染物排放总量大幅减少。生物多样性得到有效保护，高原生态

---

① 云南省人民政府办公厅.云南省人民政府关于印发云南省国民经济和社会发展第十三个五年规划纲要的通知 [EB/OL]. （2016-4-22）[2022-1-5].http：//www.yn.gov.cn/zwgk/zcwj/yzf/201911/t20191101_184085.html.

湖泊水质明显改善。环境质量和生态环境保持良好，城乡人居环境不断优化，主体功能区布局基本形成，云南的生态文明建设走在全国前列。面对资源趋紧、环境恶化、生态系统退化的严峻现实，在全面建成小康社会、争当全国生态文明建设排头兵的关键时期，云南进一步把绿色发展作为"十三五"发展的核心理念，既是与中央绿色发展理念的精准对接，也是立足省情的科学抉择，更是谱写好中国梦云南篇章的现实行动指南。

坚持绿色发展，争当全国生态文明建设排头兵是国家赋予云南的使命。云南省是西南生态安全屏障和生物多样性宝库，生态环境比较脆弱敏感，承担着保护生态环境和自然资源的责任和维护区域、国家乃至国际生态安全的战略任务。

"十三五"以来，在绿色发展战略驱动下，云南的生态文明建设取得了十分可喜的成绩。云南绿色发展奠定了生态文明体制机制建设的现实基础，为产业的绿色转型提供了成功经验。

一、云南省绿色发展对国家的意义

绿色发展是云南为建设美丽中国目标的重要途径。云南人民福祉与美丽中国的建设，与民族未来紧密相关，而构建尊重自然、顺应自然、保护自然的生态体系是云南绿色发展和实现美丽中国的共同前提。"山清水秀但贫穷落后不是美丽中国，强大富裕而环境污染同样不是美丽中国"。因此，建设科学合理的生态体系是云南省建设美丽中国的重要途径。美丽中国建设要求构建绿色发展的生态体系，形成发达的绿色产业。近年来，云南省不断创新绿色体制，自上而下地推动绿色发展的自觉和主动性。云南绿色发展的生态体系以实现经济、社会和生态效益共同发展为目的，形成具有循环绿色发展特性的经济社会。绿色发展的生态体系不仅为云南创造山清水秀的生态环境，更用实际行动体现出中国在生态环境保护、参与世界环境保护和可持续发展方面的责任与担当，树立了良好的大国国际形象，为世界生态文明建设与发展作出了中国贡献。

绿色发展是云南推进国家供给侧结构性改革的必然选择。供给侧结构性改革，是引领和适应我国经济发展新常态的重要举措。在面对经济取得巨大进展时，云南经济发展的结构和体制性问题日益凸显，耗费大量的资源能源，导致自然生态环境的承载能力和修复能力减弱。供给侧结构性改革正是在当下经济飞速发展条件下，云南从经济供给侧开展的有力措施，提倡绿色发展，降低资源能源的消耗，减少对生态环境的污染。党的十八大以来，云南省地区不断推行绿色发展，加强生态文明建设，将绿色发展融入到各领域、各产业。推进供给侧结构性改革离不开绿色发展的理念和方式，绿色发展不断引领和推动着供给侧结构性改革有效实施。云南经济发展面临的资源能源紧缺情况日渐加大，生态环境遭到破坏，因此，要实施绿色发展，生态效益应与经济效益、社会效益融合发展，真正有效地推动云南供给侧结构性改革。避免过度开发，以绿色发展为导向，实现资源能源约束下的绿色发展方式。

绿色发展是云南实现全体人民共同富裕的重要前提。绿色发展方式是目前促进云南经济高质量发展的重要形式，以集约资源能源、与自然生态环境友好相处的方式增加经济效益与社会进步。云南以推动劳动力、技术和知识等生产要素向绿色化转变，为实现共同富裕提供了经济转型升级的有效方式和基础有力的物质保障，是促进经济持续健康发展、资源能源循环利用、拓宽生产力发展的有效手段。根据产业转型实现能源节约，从源头上对云南经济进行约束资源，满足不同社会主体的消费需求绿色化。生产方式和生活方式的绿色化发展将会改变经济结构、缩小收入差距和提升社会生产力水平。社会资源配置得以优化、生产效率得以提升、社会财富流动性得以增强，从而实现共同富裕。

二、云南省绿色发展对产业发展的意义

产业绿色发展是实现云南可持续发展的客观要求。产业的绿色发展结束了云南以耗费大量资源、能源为经济基础的传统产业发展模式。在微观上是通过采用高效绿色环保为模式的生产作业，循环利用可再生物品，通过技术融合改造，提高原料的利用率，降低能源消耗，以此来缓解绿色发展与资源之间的矛盾；在中观层面，通过构建生态工业聚集区，使得资源在整个产业系统中达成内循环，降低污染物排放，减轻工业园对周边环境的污染；在宏观上，产业的绿色发展为国家产业提供发展战略的规划与管理，促进社会内

部产业系统与生态系统互利共生。

产业绿色发展是云南对外开放带动周边的重要保障。云南产业的绿色发展，是进一步扩大对外开放的需要，也是建设生态"桥头堡"的需要。推进产业绿色发展，加强大江大河上游的森林生态建设、水土保持和重点区域石漠化治理，加强生物多样性保护，构建生态安全屏障，是云南省肩负的重要使命，是实现国家生态安全和睦邻安邦的需要。

产业绿色发展是有效发挥云南产业优势的重要途径。丰富多样的生态资源、独具特色的生态区位和价值巨大的生态功能是云南省突出的比较优势。加快云南省绿色发展产业化改造，才能维系好云南省自然生态，最大化发挥云南生态优势和产业优势，提供有最有效的供给，实现云南省经济发展的科学发展、和谐发展和跨越发展。

产业绿色发展是云南产业结构优化调整的重要目标。云南省重要行业繁多，以消费品，资源加工为主，即烟草、能源、冶金、化工、机械、医药、信息、建材、农特产品加工、造纸等，但多个行业的产业结构单一，战略性新兴产业仍处于起步阶段，产品加工能力较弱，产品的附加值和产品所具备的科技含量较小，因此产品核心竞争力比较弱。产业结构优化在纵向上主要体现为由第二产业向第三产业演进，横向上主要体现为高加工度化、高附加值化和技术集约化。产业生态化过程实质上是产业结构优化的过程，表现为生态效率的提高，这也是云南省产业结构优化调整的重要方向和目标。

三、云南省绿色发展对居民生活的意义

云南省所处地理位置相对特殊，自然生态环境相对脆弱，受山区农牧业、边疆地区、民族众多和社会生产力偏低的制约，影响了云南地区的社会发展，社会观念、生活方式和经济较发达存在一定差距。云南生态环境恶化，人民群众生活质量下降，会引发人们的不满情绪，影响社会和谐稳定，直接威胁云南的发展。人民群众的生态利益是云南执政为民的重要目标，坚持生态执政，就要维护人民群众的生态利益，让人民群众切实享有生态幸福。因此，加强绿色发展，倡导绿色生活方式，不但能够维护云南优美宜人的自然生态环境，有效提升云南人民群众的社会生活质量，而且自然能源和自然资源得

以合理利用,对维护边疆稳定、民族团结,建设美丽云南具有重要的现实意义。以倡导绿色生活方式为突破口,助推云南社会经济的发展,提升云南地区民众的综合素质,实现建设稳定、和谐、文明、美丽云南的目标。

在云南经济增速放缓、资源约束趋紧、环境污染严重、生态系统功能退化、公众环境保护意识不断提升的现实背景下,实现生活方式的绿色化,具有非常重要的意义。"十三五"时期处于云南发展的重要战略机遇期,更是美丽云南建设的关键时期,全省生态建设和环境保护实现新突破。绿色发展有助于云南人民群众自觉树立人与自然和谐共生的生态价值理念;有助于加快转变生产方式和生活方式,转变发展理念和发展模式。

推进云南绿色发展,使人民群众自觉树立生态价值观,环境保护意识深入人心,激发生态责任,逐渐养成低碳环保、绿色生态的生活方式,形成合理消费的社会风尚,为云南建立完善生态文明建设的体制机制,为环保部门和民间环保组织从事环境保护工作提供必要的现实基础。

第二节　云南省绿色发展特色与典范

一、发展高原特色现代农业

云南省立足区位优势和资源禀赋,大力发展高原特色农业。"十二五"期间,高原特色农业产业成为全国现代农业发展的典型模式之一。"十三五"时期,高原特色现代农业产业成为8大重点产业之一,推进农村经济发展。"十四五"时期,云南农业发展环境更趋复杂,如何面对新的机遇与挑战,破解发展难题,提高云南高原特色农业质量效益和竞争力显得尤为重要。[①]

(一)高原特色现代农业内涵及特征

1. 内涵

高原特色生态农业是指充分利用地理区位、气候资源等天然优势条件,运用现代农业经营管理手段和农业高科技生产技术,通过生产组织、经营管

---

① 云南加快发展高原特色现代农业 [EB/OL].（2021-5-31）[2022-1-5].https：//baijiahao.baidu.com/s?id=1701230060362917256&wfr=spider&for=pc.

理、产品销售等方式，拓宽和挖掘农业在原材料供给、劳动力转移就业、环境保护、休闲观光旅游、农耕文化传承等功能，为社会提供更多的特色有机农副产品，满足人们需求，提升农业效益，增加农民收入，体现出生态可持续性、绿色特色的农业发展模式。

2. 特征

生态环境和自然资源优越。生态环境条件和自然资源条件需要具备生产无公害、绿色、有机、优质、生态特色农产品的条件。针对不同的气候资源条件，匹配不同的产品生产，才能较好地发挥不同生态环境和自然资源的优势。

产品绿色，能够满足多元的需求。独特的地理环境，合适的气候资源，为高原特色农业发展提供了有利的条件。因此，生产的产品多为生态农产品、无公害农产品、绿色农产品和有机农产品，保证了产品质量，提高产品的竞争力。农作物种类众多、农产品品种多样、产品形式也具有多样性，不仅仅是食品，还包括一些文化传承的产品，有利于满足大家文化产品的需求，能够满足不同层次和不同消费群体的需求。

（二）云南省高原特色农业发展规划

云南省一直致力于高原特色农业发展，出台了系列文件，具体文件见表4-1，比如《云南省高原特色现代农业产业发展规划（2016—2020年）》《云南省"十四五"高原特色现代农业发展规划》来促进该产业发展。在这些政策的推动下，云南省高原特色农业发展取得了较大的成就。从具体统计数据看，云南省高原特色农业发展取得了长足发展。2018年以来，以茶叶、花卉、水果、咖啡等8个"绿色食品牌"重点产业综合产值保持了16%的年均增速。"十三五"期间，云南第一产业增加值从"十二五"末的全国第14位提升到第9位。2020年云南全省茶叶种植面积720万亩，有机认证茶园面积82万亩、有机产品认证数量1014个，面积和产品认证数量均居全国第一；花卉种植面积190万亩；蔬菜种植面积1880万亩，云菜近70%商品外销，成为"南菜北运""西菜东调"的重要基地[①]。

---

① 云南省农业农村厅.云南省农业农村厅关于印发《云南省"十四五"高原特色现代农业发展规划》的通知[EB/OL].（2021-12-06）[2022-1-5].http：//www.yn.gov.cn/ztgg/ynghgkzl/sjqtgh/zxgh/202112/t20211210_231445.html.

表 4-1　　　　　　　　　　　　　　云南省产业发展的政策文件

年份	政策文件	目标与定位
2016	《中共云南省委云南省人民政府关于着力推进重点产业发展的若干意见》	突出"高原粮仓、特色经作、山地牧业、淡水渔业、高效林业、开放农业",打响高产、优质、高效、生态、安全的高原特色现代农业品牌。建设标准化、规模化、稳定高效的原料基地,打造一批特色农业产业强县,推动国家现代农业示范区、农业科技园区、绿色经济示范区示范带建设。促进一二三产业融合发展,推动产加销一体化经营,大力发展农产品电子商务、休闲农业、乡村旅游,培育发展农业经济新业态。
2016	《云南省高原特色现代农业产业发展规划(2016—2020 年)》	到 2020 年,高原特色农业现代化建设取得明显成效,高原特色现代农业产业体系、生产体系和经营体系不断完善,装备条件显著改善,产业结构逐步优化,产业发展有机融合,资源利用和生态环境保护水平不断提高,农业质量、效益和竞争力明显提升,把本省打造成为全国绿色农产品生产基地和特色产业创新发展辐射中心。
2016	《云南省国民经济和社会发展第十三个五年规划纲要》	以云贵高原独特自然生态环境孕育的特色生物资源为基础,以构建现代农业经营体系、生产体系和产业体系为重点,转变农业发展方式,走适度规模、产出高效、产品安全、资源节约、环境友好的高原特色农业现代化建设之路。
2020	《中共云南省委云南省人民政府关于加快构建现代化产业体系的决定》	到 2025 年,全省农林牧渔业总产值与加工产值达到 2 万亿元。到 2030 年,达到 3 万亿元,高原特色现代农业占 GDP 比重达到 10%。到 2035 年,成为全国绿色农产品生产基地和面向南亚东南亚特色农业创新发展辐射中心。
2021	《云南省"十四五"高原特色现代农业发展规划》	在确保粮食等主要农产品有效供给基础上,以做特"绿色食品牌"为抓手,深入推进农业供给侧结构性改革,加快农业产业转型升级,不断提升农业现代化水平,促进农民收入持续稳定增长,实现一定水平的农业高质高效,农民富裕富足。

（三）"十四五"时期云南省高原特色农业发展目标

1. 农业生产相关目标

在农业生产方面,云南省对农业基础保障条件,包括建成高标准农田、农业科技进步贡献率、主要农作物综合机械化率、主要农作物良种覆盖率方面进行了清晰的目标界定。在粮食、肉蛋奶、蔬菜、水产品方面进行了细致的目标界定,在农业生产经营水平方面,重点介绍了农产品加工产值、农业产业化龙头企业数量、家庭农场数量、畜禽规模化养殖比重、农产品质量安全例行监测总体合格率、"三品一标"农产品数量,以及农产品出口额等方面进行了指标界定,具体指标目标见表 4-2[①]。

---

① 云南省农业农村厅. 云南省农业农村厅关于印发《云南省"十四五"高原特色现代农业发展规划》的通知 [EB/OL].（2021—12—06）[2022—1—5].http://www.yn.gov.cn/ztgg/ynghgkzl/sjqtgh/zxgh/202112/t20211210_231445.html.

表 4-2 云南省"十四五"高原特色农业发展主要指标表

类别	序号	指标	2020 年基数	2020 年目标	指标属性
农业基础保障条件	1	建成高标准农田（万亩）	2454	4000	预期性
	2	农业科技进步贡献率（%）	60	62	预期性
	3	主要农作物综合机械化率（%）	50	55	预期性
	4	主要农作物良种覆盖率（%）	96	98	预期性
主要农产品供给	5	粮食总产量（万吨）	1896	1950	约束性
	6	肉奶蛋总产量（万吨）	525	610	预期性
	7	蔬菜总产量（万吨）	2494	3000	预期性
	8	水果总产量（万吨）	962	1200	预期性
	9	水产品产量（万吨）	64	65	预期性
农业生产经营水平	10	农产品加工产值（亿元）	9900	19000	预期性
	11	农业产业化龙头企业数量（个）	4440	9000	预期性
	12	家庭农场数量（万个）	2.86	5.75	预期性
	13	畜禽规模化养殖比重（%）	40	50	预期性
	14	农产品质量安全例行监测总体合格率	98	98	预期性
	15	"三品一标"农产品数量（个）	6257	8000	预期性
	16	农产品出口额（亿美元）	52.6	75	预期性

2. 绿色发展水平

在绿色发展水平方面，对农药、化肥、畜禽粪污以及农作物秸秆综合利用等方面进行了目标定位具体见表 4-3[①]。

表 4-3 云南省"十四五"规划绿色发展水平主要指标表

类别	序号	指标	2020 年基数	2025 年目标	指标属性
绿色发展水平	1	主要农作物化肥利用率（%）	40	43	预期性
	2	主要农作物农药利用率（%）	40	43	预期性
	3	畜禽粪污综合利用率（%）	80.7	≥ 80	预期性
	4	农作物秸秆综合利用率（%）	85	>86	预期性

3. 绿色生活发展目标

在绿色生活水平方面，重点从农村居民可支配收入以及农村居民人均消费支出等方面进行定位，具体见表 4-4。

---

① 云南省农业农村厅. 云南省农业农村厅关于印发《云南省"十四五"高原特色现代农业发展规划》的通知 [EB/OL]. （2021-12-06）[2022-1-5].http：//www.yn.gov.cn/ztgg/ynghgkzl/sjqtgh/zxgh/202112/t20211210_231445.html.

表 4-4　　　　　　云南省"十四五"规划农民生活水平主要指标表

类别	序号	指标	2020 年基数	2025 年目标	指标属性
农民生活水平	1	农村居民人均可支配收入（元）	12842	20000	预期性
	2	农村居民人均消费支出（元）	11069	18000	预期性

（四）典型地区高原特色农业发展现状

1. 普洱市思茅区构建"生产＋加工＋科技＋品牌"现代产业体系[①]

思茅区，地处茶叶原产地中心地带，18.76 万亩茶园茶香四溢，是国家现代农业（茶叶）产业园。思茅区现代农业产业园被认定为首批国家现代农业产业园，成为全省唯一获此殊荣的县区，茶产业成为思茅区打造世界一流"绿色食品牌"的金字招牌。全区立足建设"全国有机茶产业发展标杆"，在基地建设、标准建设、品牌建设、招商融资，以及融合发展上精准发力，坚持以"绿色有机"为主线，在"提质增效、结构调整、品牌带动"的发展思路的指引下，深入推进"一县一业"示范县创建，全力打造"思茅有机茶"区域公共品牌。具体做法：

"有机"基地引领高品质。打造有机茶基地。思茅区建成无公害、绿色、有机茶园 12.02 万亩，其中对 4 万亩通过认证的有机茶园进行转换。截至 2018 年 12 月，现代农业产业园茶叶生产基地建设项目完成投资 348.66 万元，完成生态防控建设 3 万亩，园区内 75% 的茶园达到国家标准园水平。注重产品品质。2017 年，通过对种植大户、农民合作社、龙头企业等新型农业经营主体摸底，因地制宜开展茶叶有机肥替代化肥示范县创建项目。该项目在思茅区南屏镇建设有机肥替代化肥示范茶园 1.7 万亩，辐射带动茶园 10 万亩，5 个乡镇，直接惠及茶农 1.05 万户，逐步构建茶叶有机肥替代化肥长效机制。到 2020 年，将完成覆盖全区 20 万亩茶园的有机肥绿色农业种植。

产品可溯源，加工集群化。制茶工艺不断创新，新鲜茶叶从杀青到包装的整个制茶流水生产线，通过生产车间现场视频监控，让生产过程更加透明化。在位于思茅区的天士力帝泊洱生物茶谷，对传统普洱茶加工技术进行创新，具备较为智能的制茶技术。努力探索从"普洱茶生态种植标准化"到"茶

---

① 普洱市思茅区：现代化的茶产业崛起中的"绿巨人"[EB/OL].（2019-1-14）[2022-1-10]. https://www.puercn.com/puerchanews/yuncha/153643.html.

叶深加工标准化"。打造世界一流"绿色食品牌",思茅区培育茶产业集群,推动茶叶加工环节的现代化。2018年1月,思茅区现代农业产业园完成智慧茶山物联网及溯源平台建设,实现现代信息技术在生产、管理、服务等领域的运用,完成智慧茶山物联网及溯源平台建设和标准化改造。园区年生产加工能力在500吨以上的茶叶企业有62户,加工转化能力得到提升。思茅区建有木乃河加工片区、倚象创新片区,规划面积20.04平方千米,园区内茶叶加工厂82家,其中省级农业产业化龙头企业4家。今年以来新建改造茶叶初制所23家,实现生产过程自动化、生产环境清洁化、产品标准化,园区茶叶精制率达到76%,推动茶产业向高端迈进。

延伸产业链,实现融合发展。思茅区探索现代农业产业园建设新模式,采取"基地＋加工＋品牌＋文旅"发展模式,融合发展一二三产业,拉长产业链,提高产业附加值。思茅区建成茶叶庄园8个,建成4A级、3A级茶旅融合国家级景区2个,带动游客量200余万人次。位于思茅区现代农业产业园倚象镇创新片区的云南天士力帝泊洱生物茶集团有限公司实现了"茶产业工业旅游标准化"为一体的一二三产业有机融合发展模式。2017年公司荣获中国首批十大工业旅游示范基地的荣誉,在思茅区现代农业产业园创建和茶旅融合的双轮驱动下,2018年6月又通过国家4A级旅游景区的认定。思茅区茶旅融合迈出新步伐,以有机茶种植、加工为主体,融观光、休闲及茶文化旅游为一体的生态产业庄园发展。

2. 蒙自市"公司＋合作社＋基地＋农户"的生态农业发展模式

蒙自市鸣鹫镇坚持创新驱动,在"一乡一特色一村一品"的布局下,围绕品牌提档升级,打造绿色生态现代农业,融入休闲要素,构建以生态采摘、旅游观光为特色的休闲观光农业,实施农旅融合发展,助力乡村振兴。依托独特的自然资源和地理气候优势,以实现农民增收为目的,蒙自市鸣鹫镇坚持把发展特色农业产业扶贫作为助力乡村发展的有效手段,按照"公司＋合作社＋基地＋农户"的发展模式,大力发展现代种植业,使得土地资源得到充分利用,同时带动周边农户发展。

主要做法:首先在金融助农方面,鸣鹫镇用活用好"5+5+2"金融政策,解决贷款难、贷款如何充分利用的难题。鼓励农户通过土地流转,盘活经济,引进公司技术，打通销售渠道，鼓励群众将手中的土地流转给企业，引进公司攻克技术难关，打通销售渠道，发挥公司＋合作社＋基地＋农户的模式的经济效益。其次，鸣鹫镇大力发展车厘子种植项目，在项目中引入设施农业发展理念，引进现代化种植管理经验，给其他区域拓宽农民收入结构提供示范，并且也有助于农业产业结构调整，促进农民收入增加。此外，鸣鹫镇还将把现有的高标准农田项目、水利项目这块基础设施配套的工作做好，为农业企业和加工企业落地提供基础条件，延伸产业链，增加农产品附加值。

二、发展低碳绿色工业

（一）低碳绿色工业的基本含义和发展原则

低碳绿色工业概念的提出是对标传统的工业发展模式，其主要目标是提高能源利用效率、开发清洁能源、依靠科技进步和创新促进劳动生产效率的提升、增加绿色 GDP。其中关键在于创新能源利用和节能减排技术，以此来形成绿色低碳工业经济模式，促进社会经济发展。主要原则如下：

一是坚持多样化原则。在低碳绿色工业发展过程中，要注意生物多样性、文化多样性以及主体多样性问题，在人与自然及社会的这个复杂生态系统中，注重工业生产与文化生态的融合发展。

二是坚持生态原则。在低碳绿色工业建设过程中，要坚持人与自然的和谐共生，要遵守自然生态规律。生态保护是工业化进程中一直关注的话题，尊重、保护自然是资源开发利用的前提，合理利用各种自然资源，平衡好人与自然的关系。此外也要充分发挥生态资源价值，实现生态资本的增值保值，实现生态效益、经济效益以及社会效益的融合发展。并且随着工业发展的经验，也要在新时期更加注重生态环境的保护。

三是坚持主体广泛参与原则。走低碳绿色工业发展道路不仅仅是政府的事，也是关乎个人与社会团体等组织的利益，只有通过多元主体参与，达成公共利益共识，实现资源的合理利用，使得有限的资源发挥最大的价值。

四是坚持整体性原则。实现工业的低碳绿色发展，要充分发挥国土、环保等职能部门的作用，实现各个部门之间协调发展，做好部门之间的协调工作，建立健全环境保护基本制度，做好协调统筹和监督管理、落实各项减排目标任务，为低碳绿色工业发展布下坚强后盾。

（二）云南省低碳绿色工业发展典型

1. 云南省华坪县生态工业模式①

（1）发展背景。

华坪县位于云南省西北部的金沙江中段北岸，地理位置比较重要，是滇西入川的重要交通枢纽。华坪县辖 4 镇 4 乡，人口 16.20 万人，总面积 2200 平方千米，2020 年地区生产总值完成 74.21 亿元，增速明显。该区域平均海拔 1160 米，煤炭资源丰富，同时当地生产大芒果，农业特色也较为明显。先后获得过第二批中国特色农产品优势区、云南省县域跨越式发展先进县、第四批"绿水青山就是金山银山"实践创新基地。

由于丰富的煤炭资源，产能单一，长期的煤矿开采造成区域内生态环境问题突出，比如水土流失和石漠化现象频发，产业转型迫在眉睫。在绿水青山就是金山银山的发展之下，区域内产业发展实现了从"黑色经济"向"绿色经济"转型，空气质量明显好转，生物多样性也在逐渐恢复，水质达标，其他生态问题也得到了明显改善。

（2）主要做法与成效。

①去"黑"增"绿"，发展绿色生态产业。

一是做好去黑减法，"黑色能源"变"绿色能源"。首先，化解煤炭过剩问题，煤矿由 2013 年的 82 处减少到 2019 年的 27 处，煤炭年产量从 740 万吨减少到 61 万吨，下降 91.8%，化解煤炭过剩产能 357 万吨。煤炭产业增加值占规上工业增加值的比重从 74.5% 下降到 4.6%，实现城乡以电代煤全覆盖；淘汰化工产能 24.68 万吨，非煤矿山从 42 家减少到 25 家。成功列入全国第一批增量配电业务改革试点，云南省清洁载能示范园区，清洁载能产业产值实现从 0 到 55.83 亿元的飞跃，累计就地消纳弃水电量 11.7 亿度，创造就业岗位 5000 余个，单位 GDP 能耗下降 35% 以上，单位 GDP 二氧化碳排放量下降 31% 以上。华坪县的发展动能由黑色能源转为绿色能源，县域经济实现由"黑"到"绿"的华丽转身。

———————

① "绿水青山就是金山银山"实践模式与典型案例（11）｜云南省华坪县去"黑"转"绿"促产业生态化 [EB/OL]．（2021–08–17）[2022–1–10].https：//www.sohu.com/a/483890526_121106854.

二是做好"增绿"加法，"黑色产业"变"绿色产业"。通过不断探索实践，闯出了一条"矿业转型、矿山转绿、矿企转行、矿工转岗"的"四转"新模式，实现了生态环境修复、环境质量提升和群众增收致富的良性循环。曾经以"煤"为生的重点产煤县转型为依托"生态产业"致富的绿色生态产业县。目前，在 291 户注册的芒果公司和合作社中，有 17% 由煤炭企业注册建立，累计有 25 家煤炭企业转行，带动就业 3000 人，新增生态产业种植面积 2.1 万亩。2013 年以来，华坪县从事绿色产业的人口从 2013 年的 2.9 万人增加到 7.3 万人（其中 4.6 万人是原煤矿从业人员），仅从事芒果种植、加工、销售的建档立卡户就有 8973 人，占总人口的 52%。生态产业面积从 2013 年的 78.8 万亩增加到 123 万亩，煤矿区水源、植被、土地等正在恢复。2019 年芒果种植面积达 37.8 万亩，位列云南省第一、全国第三，人均种植面积全国第一，年产量由 2013 年的 6.78 万吨增加至 2019 年的 31 万吨，产值由 5 亿元增加至 22.8 亿元。华坪县农村常住居民人均可支配收入从 2013 年的 7363 元增加到 2019 年的 13295 元，累计脱贫 16091 人，贫困发生率从 15.01% 下降到 1.05%。

三是做好"护绿"乘法，筑牢长江上游生态安全屏障。华坪县位于长江上游金沙江干热河谷区，生态系统退化明显，水土流失和土壤石漠化严重。通过实施林业生态扶贫、石漠化综合治理及水土保持生态修复等工程，引导群众在荒山、荒坡发展绿色产业，以科学技术为支撑，推广石漠化地区光伏滴灌，解决灌溉用水难问题。境内金沙江流域年均输沙量从 2005 年的 2.23 亿吨下降到 2019 年的 0.49 亿吨，鱼类从 2013 年的 35 种发展到 2019 年的 61 种。金沙江水质稳定达到功能区划要求，水质达标率 100%，水土流失和石漠化现象逐渐减少，森林覆盖率达 72.66%。

②完善产业链，促进产业升级。

一是构筑生态产业链，"绿水青山"变"金山银山"，促进产业生态化发展。加大培育优质晚熟芒果，错峰销售解决市场销售难题，从种植、加工等环节生态化打造有机芒果，建设"全国绿色有机晚熟芒果示范基地"。打造芒果深加工，延长产业链，增加附加值，解决应对千息万变单一产品的市场问题。华坪县 80% 的芒果园实现标准化有机种植；建成全国首个芒果全产业链单品种大数据平台，构建了种植、加工、流通全过程数据可控、可视的质量追溯体系。目前华坪县芒果已有无公害食品认证7.8万亩,绿色食品认证2.22万亩,有机产品认证1.86万亩,有机转换认证1.74万亩,欧盟有机认证1.01万亩。华坪县被列为"一县一业示范县""国家有机产品认证示范创建区""云南省第一批高原特色农业示范县",华坪芒果被列为国家地理标志保护产品,获得了国家级、省级"特色农产品优势区""全国名优果品区域公用品牌"称号,"丽江金芒果"等获云南省著名商标称号。

二是融合发展,"黑色城市"变"绿色城市",发展康养旅游。随着能源结构调整升级,绿色产业的壮大,生态环境质量不断改善。酸雨频率从2003年的58%下降至2.56%,县城环境空气优良率达到100%,昔日的黑色河变清水河,成功创建成为国家级水利风景区和3A级风景区。2019年累计接待游客165.5万人次,实现旅游收入14.6亿元,三次产业比重从2013年的13.2∶61.8∶25调整到2019年的13∶44∶43。

三、发展生态文化旅游业

(一)云南省生态文化旅游业定位及目标

"十三五"以来,云南省建立了完善的文化旅游扶贫体系和机制,加大了文化旅游扶贫政策支持力度,为文化旅游扶贫奠定了坚实基础,突出了经验总结和模式推广,并起到了典型示范的带头作用。在基础设施和公共服务设施、文化事业开发、招商引资、品牌创建、营销、人才队伍建设、对贫困地区企业扶持倾斜等方面,加大对文化旅游扶贫驱动部分的投入,加快旅游扶贫开发,推动贫困地区跨文化旅游开发,带动贫困群众收入脱贫。目前,云南省已经建立了推进文化旅游扶贫的政策体系,基本形成了全省推进文化旅游扶贫的顶层规划。《云南省旅游扶贫专项规划(2016—2020年)》《关于进一步加快乡村旅游扶贫开发的指导意见》《"十三五"时期云南贫困地区公共文化服务体系建设实施方案》等系列文化、旅游扶贫文件陆续出台。

在《云南省产业发展规划(2016—2025年)》中,对生态文化旅游的发展进行了准确定位。针对现代旅游发展的高端化、国际化、特色化方向,云南省将全力推动旅游业的质量和效益提升。根据全球旅游发展理念,积极推进"旅游+"一体化发展,推动由观光旅游向观光、休闲度假、特色旅游等复合型旅游转型，充分发挥和释放旅游业的综合带动作用。拓展旅游发展空间，积极发展医疗、养老、健身、产业、体育等新兴旅游，大力发展跨境旅游，培育和发展高端优质旅游服务。优化旅游发展环境，整顿旅游市场秩序，提高旅游服务质量，加强云南省整体形象塑造和宣传推广。推动文化创意、设计服务业与相关产业融合发展，重点发展传媒、出版发行印刷、歌舞演艺、影视音像、创意广告、文化休闲娱乐等产业，积极发展具有民族和地方特色的传统文化艺术，鼓励优秀文化产品的创作。深度推进旅游文化建设，促进旅游文化内涵发展，加快历史文化旅游区、红色文化旅游区、民族文化旅游基地、产业旅游基地、特色旅游小镇建设，并努力打造文化旅游节庆的品牌和代理产品，发展旅游文化新业态。

（二）云南省生态文化旅游典型[①]

阿者科村位于云南省红河地区原阳县哈尼梯田，是世界文化遗产五大重点村之一。阿者科村在海拔 1880 米的千年梯田之上，坐落在山脚下。村里有 60 多间"蘑菇屋"，是原阳县保存最完好的哈尼族古村落。云南省对文化旅游扶贫模式进行探索、创新并推广，发挥了典型示范作用，总结和推广了景区驱动、城镇依托、产业融合、搬迁等文化旅游扶贫开发路径。通过直接从事旅游经营、参与旅游接待服务、开发旅游文化产品、销售农副土特产品和资产、以土地入股旅游等方式，引导贫困人口增加收入。

具体做法及成效：

红河州元阳县的"阿者科计划"已成为助力旅游业扶贫、促进农村振兴的全国典范。

阿者科村实行内源式村集体企业主导的发展模式。公司组织村民改善村庄卫生环境，经营旅游接待，收入归全村所有。公司通过建立良好的利益分配机制，引导和调动村民参与旅游开发的积极性，强化村民的梯田遗产保护意识。阿者科村为保护"四素同构"的农业生态系统，确定了四条底线：不租不售、不引进社会资本、不放任本村农户无序经营、不破坏传统。

在阿者科村与村民签订的旅游合作协议中，梯田的保护和管理已作为一

---

① 王若溪. 红河元阳"阿者科计划"助力旅游扶贫 促进乡村振兴 [EB/OL].（2021-09-28）[2022-1-10].http://www.ctnews.com.cn/content/2021-09/28/content_112400.html.

项重要内容写入合作协议。利润分红方面，根据村民对传统房屋和梯田的保护情况，分红比例为70%。根据他们是否居住在该村以及是否保留户籍，将发放30%的奖金。到2021年，阿者科村已接待国内外游客上万人次，各户均分红达到五千多元。

四、生态文明建设示范典型

（一）云南省楚雄彝族自治州 [①]

2020年，楚雄彝族自治州被生态环境部命名为全国生态文明建设示范州。楚雄是全国30个民族自治州中的两个彝族自治州之一。楚雄的乌蒙山、哀牢山和白草岭生态优美，山川秀美"立于三山之巅"，有着丰富的历史和文化遗产。

具体做法：坚持建立生态自治州，大力推进生态文明建设。明确战略定位，以建设"滇中翡翠"为目标，建立健全生态文明建设体系。生态文明建设占党政部门绩效考核的23%，把生态文明建设作为重要内容。

楚雄彝族自治州"以奖代补"的政策实现了生态文明建设全覆盖，全州9个县市成功创建为省级生态文明县市，103个乡镇被评为省级生态文明乡镇。森林覆盖率显著提升，森林覆盖率年均增长连续三年位列云南省第一。2019年，河（湖）长制、危废管理考核居云南省第一。

（二）云南省怒江傈僳族自治州 [②]

2020年怒江傈僳族自治州被生态环境部命名为国家生态文明建设示范州。怒江位于中国西南地区。它是"三江并流"的世界自然遗产。它曾是中国"三区三州"中的一个深度贫困地区。高黎贡山国家级自然保护区和云岭省级自然保护区是西南边境的重要生态屏障。怒江州党委和政府在反贫困斗争中始终保护着碧水青山，走上了扶贫与生态环境保护双赢的道路。

---

① 绿色发展示范案例（149）｜"绿水青山就是金山银山"实践创新基地——云南省楚雄彝族自治州大姚县[EB/OL].（2021-09-09）[2022-1-10].https://www.mee.gov.cn/ywgz/zrstbh/stwmsfcj/202109/t20210909_914612.shtml.

② 绿色发展示范案例（105）｜国家生态文明建设示范区——云南省怒江傈僳族自治州[EB/OL].（2021-06-30）[2022-1-10].https://www.mee.gov.cn/ywgz/zrstbh/stwmsfcj/202106/t20210630_843733.shtml.

具体做法：营造良好的生态环境，创新扶贫模式。创新"生态护林员+"模式，实施退耕还林还草，把荒山变成生态林和经济林；发展峡谷特色生态产业，培育和发展文化旅游产业，保护和传承民族文化，扶贫开发。构筑坚实的生态屏障，巩固保护成果。通过实施退耕还林还草、生态恢复，加强生物多样性监测和技能培训。2019年怒江傈僳族自治州森林覆盖率达78.08%，巩固生物多样性保护成果，不断发现新的珍稀野生动植物。在全州率先开展生态资产核算和生态补偿政策研究。建设怒江花谷，提高生态质量。对主要道路、城镇、村院、扶贫搬迁安置社区、风景名胜区，进行全面绿化、美化和净化。

（三）云南省保山市昌宁县[①]

2020年昌宁县被生态环境部命名为国家生态文明建设示范县。昌宁县大力实施生态立县战略，坚持推进生态文明发展之路，以生态环境高质量为导向，坚持源头治理与集中攻坚并重，污染防治与生态修复并举，能力建设与制度创新并进，实现了全县生态环境治理和绿色经济发展双赢目标。

具体做法：昌宁县坚持"一盘棋"的创建思路，从县委政府、部门、乡镇到群众共同发力；坚持"法定职责必须为、法无授权不可为"的创建办法，制定了全国第一部县级田园城市保护法规《保山市昌宁田园城市保护条例》；坚持"一根丝"精神，以千年茶乡、田园城市为创建内容，以"一年变净、两年常清、三年成景"为目标积极开展河道水体治理和修复，围绕绿色屏障、绿色城镇、绿色村庄、绿色通道的"四绿"工程使其森林覆盖率达67.01%，重要水功能区水质达标率、地表水达标率、集中式饮用水水源地水质达标率"三个100%"。着力打造出"绿化、美化、彩化、香化"四大工程，打造"环山脉水、田城相拥"的海绵、生态和景观城市。

---

① 绿色发展示范案例（106）｜国家生态文明建设示范区——云南省保山市昌宁县 [EB/OL].（2021-07-02）[2022-1-10].https：//www.mee.gov.cn/ywgz/zrstbh/stwmsfcj/202107/t20210702_844069.shtml.

第三节 承载云南省梦想和未来的绿色发展

习近平总书记明确指出，"良好生态环境是最公平的公共产品，是最普惠的民生福祉"。绿色、循环、低碳发展，是当今时代科技革命和产业变革的方向，是最有前途的发展领域。云南要实现跨越发展，就必须通过绿色发展拉动经济增长"新动能"，形成新的经济增长点。

思想是行动的先导，理论是实践的指南。就绿色发展而言，不能仅仅体现为对环境的整治和对生态的保护，更应成为一种思想、一种理念、一种生活方式。要厚植绿色发展理念，必须动员和组织各部门、各行业、各单位以及每个社会成员共同维护绿色发展，切实把生态文明理念、原则、目标融入经济社会发展各方面，让"绿色化"在生产和生活中深入人心并渐成自觉，形成良好的绿色发展氛围。发展绿色产业，培育新的增长点。要实现跨越发展，云南必须坚定不移走绿色低碳循环发展之路，加快发展新技术、新产品、新业态、新模式，构建绿色产业体系。比如，旅游业已成为云南经济增长最快的产业之一，是重要支柱产业、绿色产业、富民产业，可以充分发挥区位优势，大力发展极具特色和潜力的旅游文化产业，以及高原特色农业、生物医药产业、新能源产业等生态特色产业，在生态创建、绿色创建上做文章、创品牌，培育彩云之南绿色财富新的增长点。

云南省高度重视生态文明建设，牢固树立尊重自然、顺应自然、保护自然的生态文明理念，坚定不移走绿色发展之路。2015年1月19日至21日，习近平总书记视察云南时强调指出，云南要主动服务和融入国家发展战略，闯出一条跨越式发展路子来，努力成为我国民族团结进步示范区、生态文明建设排头兵、面向南亚东南亚辐射中心，谱写好中国梦的云南篇章。云南省先后出台了《中共云南省委云南省人民政府关于争当全国生态文明建设排头兵的决定》《云南省全面深化生态文明体制改革总体实施方案》《中共云南省委云南省人民政府关于努力成为生态文明建设排头兵的实施意见》等一系列重要文件，启动了《云南省生态文明排头兵建设规划（2016—2020年）》编制工作。2017年，印发《云南省生态文明建设目标评价考核实施办法》和《云南省绿色发展指标体系和云南省生态文明建设考核目标体系》（即云南省"一个办法，两个体系"），标志着该项评价考核制度规范正式建立。

建立健全长效机制，构建发展制度体系。实现绿色发展，不仅需要先进理念和具体实践，也需要制度支撑。云南省拥有丰富的生态环境资源，为更好地推进绿色发展，云南省出台了一系列绿色发展政策，云南在1999年就已提出"建设绿色经济强省"，此后生态文明体制改革方案等也陆续出台。先后印发实施《云南省各级党委、政府及有关部门环境保护工作责任规定（试行）》，率先在全国出台《云南省县域生态环境质量监测评价与考核办法》等系列重要文件。

2016年，云南省人民政府出台《云南省国民经济和社会发展第十三个五年规划纲要》，提出生态环境目标："生态建设和环境保护实现新突破。生产方式和生活方式绿色、低碳水平上升，主要生态系统步入良性循环，森林覆盖率进一步提高。能源和资源开发利用效率大幅提高，能源和水资源消耗、碳排放总量得到有效控制，主要污染物排放总量大幅减少。环境质量和生态环境保持良好，城乡人居环境不断优化，主体功能区布局基本形成，生态文明建设走在全国前列。[1]2021年，云南省人民政府发布的《云南省国民经济和社会发展第十四个五年规划和二〇三五年远景目标纲要》提出生态环境方面的目标是："国土空间开发保护格局得到优化，生产生活方式绿色转型成效显著，能源资源配置更加合理、利用效率大幅提高，主要污染物排放总量持续减少，生态环境质量持续改善，生态文明体制机制更加健全，国家西南生态安全屏障更加牢固，生态美、环境美、城市美、乡村美、山水美、人文美成为普遍形态。"[2]2021年，云南省人民政府出台《云南省创建生态文明建设排头兵促进条例实施细则》，并提出云南省创建生态文明建设排头兵促进条例实施细则的主要工作任务清单，将生态文明建设任务进行了细化分解，

---

[1] 云南省人民政府关于印发云南省国民经济和社会发展第十三个五年规划纲要的通知 [EB/OL].（2016-05-05）[2022-1-10].http：//yn.gov.cn/ztgg/ynhghgkzl/lsgh/201911/t20191101_184085.html.

[2] 云南省人民政府关于印发云南省国民经济和社会发展第十四个五年规划和二〇三五年远景目标纲要的通知 [EB/OL].（2021-2-9）[2022-1-10].http：//www.yn.gov.cn/zwgk/zcwj/zxwj/202102/t20210209_217052.html.

为未来云南生态文明建设提供了方向。[①]

按照生活—生产—生态对云南省的绿色发展政策进行梳理。从总体目标来看，各项目标都在不断深化，稳步推进。

一、云南省绿色生产政策

在农业生产方面，主要围绕绿色产业发展提出了一些政策。2018年，《云南省人民政府关于推动云茶产业绿色发展的意见》结合云茶产业的全产业链重点环节，坚持绿色发展理念，围绕绿色发展要求，提出了9个方面重点任务和5个方面支持政策，力争到2022年，实现全省茶园全部绿色化，有机茶园面积居全国第一，茶叶绿色加工达到一流水平，茶产业综合产值达1200亿元以上[②]。

另外有大量的政策关注低碳绿色发展，不同时期，政府关于碳减排的政策导向存在较大差异，并且各个时期目标比较明确。

2007年，云南省人民政府关于印发《云南省节能减排综合性工作方案和云南省节能减排工作任务分解方案》中明确提出，2007年节能目标为全省万元GDP能耗降低3.8%，实现节能量275万吨标准煤；力争2007年较2005年二氧化硫排放总量削减2.6%，COD削减1.3%。2008至2010年节能目标为全省万元GDP能耗年均下降4.32%，每年节能量320万吨至350万吨标准煤[③]。

2007年，云南省人民政府办公厅发布《云南省人民政府关于进一步加强节能减排工作的若干意见》明确"十一五"期间节能减排的目标：到2010年，全省万元GDP能耗（按照2005年价格计算）比2005年降低17%，由1.73

---

① 云南省人民政府关于印发云南省创建生态文明建设排头兵促进条例实施细则的通知 [EB/OL].（2021-8-12）[2022-1-10].http：//yn.gov.cn/zwgk/zfxxgkpt/gkptzcwj/xzgfxwj/202111/t20211124_230841.html.

② 云南省人民政府办公厅.《云南省人民政府关于推动云茶产业绿色发展的意见 》.（2018-11-16）[2022-1-10].http：//yn.gov.cn/zwgk/zfgb/2018/2018ndeseq/szfwj_1501/201811/t20181115_146033.html.

③ 云南省人民政府关于印发云南省节能减排综合性工作方案和云南省节能减排工作任务分解方案的通知[EB/OL].（2017-5-30）[2022-10].http：//www.yn.gov.cn/zwgk/zcwj/zxwj/200808/t20080820_142804.html.

吨标准煤下降到 1.44 吨标准煤；全省化学需氧量（COD）排放总量在 2005 年的基础上削减 4.9%，由 28.5 万吨减少到 27.1 万吨，二氧化硫（SO₂）排放总量在 2005 年的基础上削减 4%，由 52.2 万吨减少到 50.1 万吨；全省城市污水处理率不低于 70%，工业固体废物综合利用率达到 60% 以上①。

2017 年，《云南省"十三五"节能减排综合工作方案》提出发展目标：到 2020 年，全省万元地区生产总值能耗比 2015 年下降 14%，能源消费总量控制在 12297 万吨标准煤以内，非化石能源消费占能源消费总量比重达到 42%。全省化学需氧量、氨氮、二氧化硫、氮氧化物排放总量分别控制在 43.8 万吨、4.79 万吨、57.8 万吨、44.45 万吨以内，比 2015 年分别下降 14.1%、12.9%、1.0%、1.0%②。

2022 年，《云南省加快建立健全绿色低碳循环发展经济体系行动计划》提出总目标，到 2025 年，生产生活方式绿色转型成效明显，高质量发展的绿色元素更加丰富，"三张牌"优势更加凸显、绿色产业比重显著提升，基础设施绿色化水平不断提高，能源资源配置更加合理、利用效率大幅提高，主要污染物排放总量持续减少，碳排放强度明显降低、碳汇水平持续提升，绿色技术创新和法规政策体系更加有效，绿色低碳循环发展的生产体系、流通体系、消费体系初步形成。单位地区生产总值能耗、单位地区生产总值用水量较 2020 年分别下降 13.5%、15%，非化石能源发电装机容量占比 85% 以上，非化石能源消费占比达到 46% 以上。到 2035 年，绿色发展水平显著提高，以"三张牌"为代表的绿色产业规模迈上新台阶，绿色生产生活方式广泛形成，碳排放达峰后稳中有降，生态环境持续优良，全面建成我国生态文明建设排头兵③。

2022 年云南省人民政府出台《云南省加快建立健全绿色低碳循环发展经

---

① 云南省人民政府关于进一步加强节能减排统计工作的意见 [EB/OL].（2008-8-25）[2022-1-10].https：//www.lawlawing.com/community/36803.

② 云南省人民政府关于印发云南省"十三五"节能减排综合工作方案的通知 [EB/OL].（2017-5-30）[2022-1-10].http：//yn.gov.cn/ztgg/yn_hbzt/zcwj/201706/P020190708667540730708.

③ 云南省人民政府关于印发云南省加快建立健全绿色低碳循环发展经济体系行动计划的通知 [EB/OL].（2022-1-6）[2022-1-10].http：//www.yn.gov.cn/zwgk/zcwj/zxwj/202201/t20220113_234722.html.

济体系行动计划》提出要全面构建云南特色绿色产业体系。以做强"绿色能源牌"为重点，加快推动工业绿色化转型。以做特"绿色食品牌"为抓手，深入推动农业绿色化发展。以做优"健康生活目的地牌"为突破，提升服务业绿色化水平。深入实施节能降碳行动。建设高质量绿色低碳循环园区，大力发展绿色环保产业。

二、云南省绿色生活政策

2020 年，云南省发展改革委印发《云南省贯彻绿色生活创建行动实施方案》，围绕节约型机关、绿色家庭、绿色学校、绿色社区、绿色出行、绿色商场、绿色建筑七大重点行动领域，明确了云南省绿色生活创建的指导思想，提出创建目标，到 2022 年，全省 70% 的县级及以上党政机关，60% 以上的学校、社区和新建建筑达到绿色创建要求；昆明市、普洱市每年新增及更换的公交车中新能源公交车比例不低于 60%、80%；选树 100 户省级"绿色家庭"典型。

2022 年，云南省人民政府出台《云南省加快建立健全绿色低碳循环发展经济体系行动计划》提出健全绿色低碳生活和消费体系。倡导绿色低碳生活方式。创建绿色低碳公共机构。[①]

三、云南省绿色生态政策

（一）关于生态环境保护政策

云南省生态环境保护政策，主要包括对大气、水、土壤等相关内容的保护，这些政策为云南省生态环境保护提供了良好的政策基础。

2014 年，《云南省大气污染防治行动实施方案》工作目标：到 2017 年底，全省环境空气质量总体继续保持优良，部分地区持续改善。昆明市可吸入颗粒物（PM10）年均浓度比 2012 年下降 10% 以上，环境空气优良天数逐年增加；其他州、市人民政府所在地可吸入颗粒物（PM10）年均浓度比 2012 年有所下降，环境空气质量保持优良，其中昭通、曲靖、玉溪 3 市环境空气质量稳定达到国家二级标准。安宁、个旧、开远、宣威 4 个县级市环境空气质量逐

---

① 云南省人民政府关于印发云南省加快建立健全绿色低碳循环发展经济体系行动计划的通知 [EB/OL].（2022–1–6）[2022–1–10].http：//www.yn.gov.cn/zwgk/zcwj/zxwj/202201/t20220113_234722.html.

年改善，稳定达到环境空气质量国家二级标准；其他县级市环境空气质量保持优良。[①]

2018 年，云南省政府颁布《云南省打赢蓝天保卫战三年行动实施方案》，其主要目标为：经过 3 年努力，进一步减少主要大气污染物排放总量，协同减少温室气体排放，降低细颗粒物（PM2.5）浓度，减少重污染天数，巩固提高环境空气质量,进一步增强人民的蓝天幸福感。到2020年,全省二氧化硫、氮氧化物排放总量分别比 2015 年下降 1%；地级城市空气质量优良天数比率保持 97.2% 以上，全面完成国家下达的大气环保约束性指标，昆明市城市空气质量优良天数比率达到 99% 以上，城市空气质量排名力争进入全国省会城市前 3 位。[②]

2018 年，云南省人民政府《云南省关于全面加强生态环境保护坚决打好污染防治攻坚战的实施意见》提出生态环境保护的目标：到 2020 年，生态环境质量进一步改善，主要污染物排放总量大幅减少，环境风险得到有效管控，生态环境保护水平同全面建成小康社会目标相适应。[③]

2021 年《云南省水污染防治工作方案》主要目标：到 2020 年，全省水环境质量得到阶段性改善。六大水系优良水体水环境质量稳中向好，长江流域昆明、楚雄，珠江流域红河、曲靖，西南诸河流域大理、德宏、玉溪、怒江、文山、保山等州市重点控制区域的水环境质量不断改善提升。九大高原湖泊中，污染较重的滇池、星云湖、杞麓湖和异龙湖主要污染物得到有效控制，富营养化水平持续降低。螳螂川、龙川江等污染较重水体逐步恢复使用功能。全面推进城市黑臭水体整治工作。饮用水安全保障水平持续提升。地下水质量保持稳定。水生态环境状况明显好转。到 2030 年，全省水环境质量总体改善，水生态系统功能初步恢复。至 21 世纪中叶，生态环境质量全面改善，

① 云南省大气污染防治行动实施方案 [EB/OL].（2016–11–4）[2022–1–16].https：//max.book118.com/html/2021/1102/7135162101004033.shtml.

② 云南省人民政府关于印发云南省打赢蓝天保卫战三年行动实施方案的通知 [EB/OL].（2018–9–11）[2022–1–16].http：//yn.gov.cn/zwgk/zfgb/2018/2018ndsqq/szfwj_1478/201809/t20180919_145983.html.

③ 中共云南省委云南省人民政府关于全面加强生态环境保护坚决打好污染防治攻坚战的实施意见 [EB/OL].（2018–7–27）[2022–1–16].http：//www.yn.gov.cn/zwgk/zfgb/2018/2018ndssq/swszf-wj/201904/t20190419_145948.html.

生态系统实现良性循环。①

（二）生态环境保护规划

2018 年《云南省生态保护红线》明确了基本格局呈"三屏两带"。"三屏"：青藏高原南缘滇西北高山峡谷生态屏障、哀牢山—无量山山地生态屏障、南部边境热带森林生态屏障。"两带"：金沙江、澜沧江、红河干热河谷地带，东南部喀斯特地带。②

2020 年，云南省人民政府《云南省人民政府关于实施"三线一单"生态环境分区管控的意见》，明确目标到 2020 年底，初步建立以"三线一单"为核心的生态环境分区管控体系，基本实现成果共享和应用。到 2025 年，建立较为完善的"三线一单"技术体系、政策管理体系、数据共享系统和成果应用机制，形成以"三线一单"生态环境分区管控体系为基础的区域生态环境管理格局，实现生态环境管理空间化、信息化、系统化、精细化，推动生态环境高水平保护，促进经济高质量发展。③

---

① 云南省人民政府关于印发云南省水污染防治工作方案的通知 [EB/OL].（2016-7-25）[2022-1-16].http：//www.yn.gov.cn/zwgk/zcwj/zxwj/202005/t20200527_204615.html.

② 云南省人民政府关于发布云南省生态保护红线的通知 [EB/OL].（2018-06-29）[2022-1-16].http：//www.yn.gov.cn/zwgk/zcwj/zxwj/201911/t20191101_184159.html.

③ 云南省人民政府关于实施"三线一单"生态环境分区管控的意见 [EB/OL].（2020-11-10）[2022-1-16].http：//yn.gov.cn/zwgk/zcwj/zxwj/202011/t20201110_213044.html.

第五章　云南省区域绿色发展

　　云南省在"生态文明排头兵建设"的目标下，全面践行"走向生态文明新时代，建设美丽中国，实现中华民族伟大复兴的中国梦"的精神。2015年1月，习近平总书记洱海考察讲话后，"绿水青山就是金山银山""山水林田湖是一个生命共同体""要像保护眼睛一样保护生态环境，像对待生命一样对待生态环境"等系列新思想、新观点、新要求，就成为云南省绿色发展的号角及生态文明精神的目标。2020年1月，习近平总书记再次亲临云南考察并发表重要讲话，站在历史和全局的高度，对云南省情特征、发展方位、工作重点作出精辟判断、给予精准指导，为新时代云南发展进一步打开了视野、指明了路径。

　　习近平总书记两次考察云南重要讲话精神，和近年来对云南工作作出的一系列重要指示批示精神，是新时代云南发展的行动纲领和根本遵循。云南省委省政府牢记"坚持新发展理念，推动经济高质量发展"的重要指示，明确以绿色发展新理念为宗旨，坚持保护好生态环境、发挥好生态优势作为各项政策的基础，以生态文明建设力促转型升级为创新驱动力，积极发展绿色产业、生态经济，努力实现绿色崛起，在区域绿色发展中展现出一幅又一幅美丽生动的新答卷。

第一节　国家绿色经济试验示范区——普洱市

　　绿色是普洱的最大特色，也是普洱的发展底色。作为全国首个也是目前唯一一个绿色经济试验示范区，普洱市一直努力探索绿色发展的实践之路，普洱生态文明建设的探索也是全方位的、立体的、多层次的。

一、普洱市立地条件

普洱是"七彩云南"丰富性和多样性的缩影，位于云南省西南部，也是北回归线上保存最完好、面积最大的一片绿洲。全市国土面积4.5万平方千米，山区占98.3%，国土、林地和热区面积均居全省之首。根据第七次人口普查数据，全市常住人口约为240.5万人。全市森林面积达304.87万公顷，全市有自然保护区14个，自然湿地3.05万公顷，空气中负氧离子含量高于世界卫生组织"清新空气"标准12倍多，森林生态服务功能年度价值达2850亿元，居全省第一。水能、矿产、森林等资源丰富，有高等植物5600种、动物1496种，有"云南动植物王国的王宫"之称，同时还享有"天赐普洱·世界茶源""中国咖啡之都"等美誉。在唐南诏国始设银生节度，明时有"普茶"记述，雍正七年置普洱府，著名的南方丝绸之路——茶马古道就源于普洱。除了优越的生态、丰富的资源、悠久的历史，普洱还具有得天独厚的区位优势。普洱市与越南、老挝、缅甸相连，澜沧江——湄公河穿境而过，具有"一市连三国、一江通五邻"的独特区位。

但由于历史原因，过去的普洱贫困面大、贫困程度深，经济社会发展落后于云南省和全国平均水平，全市被整体纳入国家滇西边境集中连片特困攻坚区，其中有8个县为国家扶贫开发工作重点县，2个是深度贫困县（彭悦，2020）。在党和国家领导关心下，在云南省委、省政府坚强领导下，普洱市委、市政府提出了"生态立市、绿色发展"战略，发展绿色产业，倡导绿色生活，初步探索出一条生产发展、生活富裕、生态良好的文明发展道路，建设绿色经济示范区取得了阶段性成效。2020年，尽管受全球新冠肺炎疫情的冲击，全市依然完成地区生产总值945.42亿元，增长2.5%；固定资产投资增长19.7%，增速居全省第一；一般公共预算收入51.3亿元，增长2.9%，一般公共预算支出323.5亿元，增长7.3%；城乡居民人均可支配收入分别为32658元和12366元，分别增长3.8%和7.5%；居民消费价格上涨4.1%。

二、普洱市绿色经济试验示范区发展历程

作为全国率先提出、率先得到批准的全国唯一的绿色经济试验示范区，

普洱较早开始了绿色发展道路的探索。2010年7月，借国家发改委桥头堡调研组到普洱调研的机遇，普洱市委、市政府正式提出建设国家绿色经济试验示范区的设想，得到了调研组的充分肯定。2012年2月，李克强总理作出"支持地方立足自身优势，积极发展绿色经济"的重要批示。2012年5月，国务院《关于支持云南省加快建设面向西南开放重要桥头堡的意见》明确指出："支持普洱市发挥自然生态和资源环境优势，大力发展循环经济，建设重要的特色生物产业、清洁能源、林产业和休闲度假基地。"普洱建设国家绿色经济试验示范区有了重要的政策依据。2012年7月，云南省政府召开推进普洱绿色经济发展专题工作会议，在政策、项目、资金上给予支持。2012年12月，普洱市委托国家发改委经济体制与管理研究所牵头编制全国首个以绿色经济为主题的区域规划。2014年3月，国家发改委批准了《普洱市建设国家绿色经济试验示范区发展规划》（发改环资〔2014〕434号（以下简称《规划》））。《规划》第一次提出"一核两翼三板块"的总体战略布局。第一次提出"使普洱成为全国生态文明建设的排头兵、西部地区转变经济发展方式的先锋、边疆少数民族欠发达地区跨越发展的典范、面向东南亚绿色经济交流合作的平台"的战略目标。第一次提出发展绿色经济的21项主要指标。第一次提出"存量经济绿色化改造、增量经济绿色化构建"的绿色发展路径。第一次提出建设国家四大绿色产业基地、八大试验示范工程的具体内容。第一次提出了17条支持政策和支持组织实施的67个重大项目，总投资3400亿元。

2015年11月，《普洱市建设国家绿色经济试验示范区实施方案》（以下简称《方案》）通过云南省发改委审批。《方案》明确了2015年、2017年和2020年的阶段性目标，明确了主要措施和责任分工，并制定了时间表和路线图；明确11个方面67项试验示范工程，其中重点示范工程30项，实施绿色农业、绿色工业、绿色服务业、全社会绿色发展、生态建设和环境保护、绿色基础设施建设、科技创新驱动、绿色循环低碳试点示范城市（县、镇）创建八大试验示范工程；还明确支持208个总投资4009.3亿元的项目建设。在绿色发展的征程中，普洱市成功创建了国家园林城市、国家森林城市、国家卫生城市、国家循环经济示范城市、国家水生态文明城市，先后荣获2016年创建生态文明标杆城市、2017年中国绿色发展优势城市、2018年"中国天然氧吧""中国康养城市"称号。2018 年 10 月，普洱市建设国家绿色经济试验示范区通过了国家发改委组织的中期评估。在第 22 届中国北京国际科技产业博览会中国生态文明建设论坛上，普洱市荣获了"2019 中国生态文明建设示范城市"荣誉称号。

政策支持上，2015 年 4 月，云南省人民政府《关于印发支持普洱市建设国家绿色经济试验示范区若干政策的通知》（云政发〔2015〕24 号），出台了生态和环境保护、产业、对外开放、财税、投资和金融、土地、公共服务、机制建设和人才 8 个方面 27 条支持政策。把事关普洱经济社会发展的体制机制创新、重点产业、重大项目、主要困难问题等融入政策。如：鼓励支持试验示范区在生态补偿制度、绿色经济考核评价体系、碳排放交易、处级及以下赴毗邻国家因公审批、外国机动车普洱境内自由流动、3A 级及以下景区审批权下放等探索创新；优先支持试验示范区建设四大绿色产业基地、烟叶收购指标、技术创新、电力用户与发电企业直接交易、财力补助和转移支付、高原特色农产品政策性保险、绿色产品要素交易市场、绿色基金绿色债券、新三板等产业政策；积极支持试验示范区大力改善公路、铁路、机场综合交通项目和农田水利、水土流失等基础设施建设项目；把孟连（勐阿）国家级边合区、孟连（勐阿）国家一类口岸、龙富国家新开口岸规划、边境旅游异地办证等纳入争取解决的政策范畴。2015 年 12 月，云南省发改委下发《关于建立云南省推进普洱市建设国家绿色经济试验示范区联席会议制度的通知》（云发改办资环〔2015〕515 号）文件，成立由省发改委牵头，普洱市政府配合，38 个省级部门参与，原则上每年召开一次的普洱市建设国家绿色经济试验示范区联席会议，建立起协调推进机制。

"十三五"期间，普洱市 GDP 年均增长 7.9%，增速高于全国全省平均水平，全市产业绿色发展、经济转型升级持续加快，绿色 GDP 占比达 96.6%。随着云南省委、省政府赋予普洱"建设成为绿色经济示范区"的全新定位，标志着普洱绿色经济建设将从局部"试验"走向全省、全国"示范"的更高层次、更高水平阶段。

"十四五"期间，在中国特色社会主义现代化建设的新征程上，普洱市以习近平生态文明思想为根本遵循，以打造世界一流"三张牌"为引领，持续按照"大产业＋新主体＋新平台"发展思路，实施一二三产融合发展行动，持续优化国土空间格局，创新生态产品价值实现机制，实施存量经济绿色化改造、增量经济绿色化构建，特色生物产业基地、清洁能源基地、现代林产业基地、休闲度假养生基地四大绿色产业基地有效推动生态产品价值实现，争当碳达峰碳中和全国排头兵。

三、新发展阶段普洱市绿色发展规划

普洱市建设国家绿色经济试验示范区的基本思路是坚持"生态立市、绿色发展"战略，以建设国家绿色经济试验示范区为总平台，以建设四大产业基地、实施八大试验示范工程为主抓手，发展绿色产业、倡导绿色消费、繁荣绿色文化、构建绿色家园，先行先试，打造试验示范区创新高地（徐红斌，2017）。

"十四五"时期，云南省委、省政府对普洱市的发展给出更清晰定位，根据《云南省国民经济和社会发展第十四个五年规划和二〇三五年远景目标纲要》，普洱市将建设成为绿色经济示范区、兴边富民示范区、国际生态旅游胜地。此外，云南省委、省政府出台了《关于贯彻新发展理念推动各州市高质量跨越式发展的指导意见》（以下简称《指导意见》），进一步对普洱市绿色发展提出了重点任务安排。普洱市将从提高基地化水平、打造地理标志产品等方面重点发力，全力建设绿色经济示范区。努力创建成为全国碳达峰、碳中和先行示范区，在全域绿色转型发展方面走在全省前列。

（一）绿色产业发展的总体布局

普洱市"十四五"绿色产业发展的总体布局：围绕建设特色生物、清洁能源、现代林产业、休闲度假养生"四大绿色产业基地"，持续推进存量经济绿色化改造和增量经济绿色化构建。全力打造现代林产、旅游康养、高原特色农业3个"千亿级产业"，普洱茶、生物医药、现代制造3个"五百亿级产业"，现代物流、数字经济2个"三百亿级产业"，促进绿色产业提质增效，培育世界一流"三张牌"新优势。

（二）绿色现代产业发展方向

在构建绿色现代产业方面，普洱市围绕建设绿色经济示范区，坚持绿色有机方向，大力建设有机茶叶、精品咖啡、高端肉牛、高效甘蔗、中药材、水果、蔬菜等重点产业，全面提升茶叶、咖啡、肉牛精深加工水平，力争到2025 年基地化率提高到 50% 以上、农产品加工转化率达到 70% 以上。全域提高基地化水平，全面提升精深加工水平，全力打造地理标志产品，推动绿色食品产业做大做强。

（三）绿色经济质量发展目标

"十四五"时期，根据《普洱市质量发展"十四五"规划》，普洱市绿色经济质量发展目标明确，具体目标见表 5-1。未来五年，企业自主创新与质量技术创新水平明显提升，产业基础高级化、产业链现代化水平显著增强。新型质量管理体系推广进程有效推进，质量管理意识深入人心，涌现一批优质企业质量文化。质量人才加速聚集，质量人才培养成绩斐然，人才梯队更加健全。累计授权专利和有效注册商标数量再创新高，具有世界影响力的绿色食品品牌打造工程走在全省前列。

表 5-1　　　　　　　　"十四五"时期普洱市绿色经济质量发展目标

目标	绿色经济质量发展目标
一	力争全市新增高新技术企业 15 户，科技型中小企业 50 户，全市研究与试验发展经费投入强度达到 0.7% 以上。
二	力争每万人高价值发明专利拥有量达 0.25 件。全市注册商标有效量保持年均 10% 的增长率，2025 年末增长到 27400 件。地理标志证明商标增长到 25 件。力争建设"一县一业"示范县 1 个，"一县一业"特色县 1 个，"一村一品"专业村 10 个以上。
三	力争打造"普洱有机茶""普洱咖啡"2 个市级区域公共品牌，培育 10 个县级区域公共品牌，重点扶持推荐龙头企业品牌。

备注：数据来源于《普洱市质量发展"十四五"规划》

（四）打造国际生态旅游胜地

"十四五"时期，普洱市将坚定不移以"生态优先、绿色发展"为导向，正确处理发展生态旅游和保护生态环境的关系，加速推进国家公园、国家森林公园、国家湿地公园、森林康养基地等建设，打造景迈山—无量山—哀牢山等生态旅游景区，推出 20 个高端度假康养旅游综合体，用全域化的理念建设"生态旅游博物馆"，真正把绿水青山转化为"金山银山"，切实发挥旅游为民、旅游惠民的带动作用。

围绕普洱打造国际生态旅游胜地，《指导意见》还提出，加快推进景迈山古茶林文化景观申遗；挖掘丰富多样的旅游资源，培育新产品、新业态，打造一批高端旅游产品，打响"养在普洱"健康品牌。

四、普洱市绿色发展经验与启示

普洱是目前唯一以绿色经济发展为主题的国家试验示范区，绿色经济试验示范区是一次具有历史性意义的探索，是贯彻落实习近平新时代中国特色社会主义思想的生动实践，完全符合新发展理念，顺应时代潮流。国家绿色经济试验示范区建设有力推动了普洱市和云南省乃至全国西部地区的生态文明建设、绿色崛起的步伐，充分展示了普洱作为祖国大西南生态安全屏障和面向南亚、东南亚的绿色国门形象，为习近平总书记对云南提出的新定位、新要求、新任务的全面落地落实作出了普洱自身的贡献，从实践的角度提供了有说服力的支撑。普洱在国家绿色经济试验示范区建设中取得的成绩和经验对其他地区发展绿色经济、建设生态文明、实现高质量跨越式发展具有重要的借鉴意义（《云南省普洱市建设国家绿色经济试验示范区中期评估报告》）。

（一）开拓创新，建立绿色发展的体制机制

制度建设是绿色发展的基本保障，也是国家层面批准普洱建设国家绿色经济试验示范区的出发点。在国家绿色经济试验示范区建设过程中，普洱在制度创新的道路上先行先跑、大胆探索。

首先，建立了省、市协调推进机制。建立了省级协调推进联席会议制度。成立了以普洱市委、市政府主要领导为组长的市级领导小组，设立了办公室；推行 GDP 与 GEP 双核算、双运行、双提升机制，建立了绿色经济考评体系。把资源消耗、环境损害、生态效益等体现绿色经济发展状况的指标纳入经济社会发展综合考评，开展了试点测算，启动了绿色评价标准体系编制。探索环境保护联动执法机制和损害责任终身追究制，积极推进领导干部自然资源资产离任审计试点工作，让绿色发展成为各级政府执政为民的价值取向。

其次，发布实施绿色工业企业评价准则，制定茶叶、咖啡、生物药等重点产品和绿色交通、绿色餐饮、绿色企业、绿色村镇等重点行业绿色化评价

标准；探索碳汇交易机制。建立中国绿色碳汇基金会碳汇经济促进中心，在全省率先探索碳汇交易试点，实施 5000 亩增汇减排试点项目；创新筹融资方式。成立绿色金融服务中心，组建绿色经济融资担保公司，成功发行全国首支总规模 50 亿元首期 10 亿元的绿色经济发展基金，着力打造绿色经济融资平台。

（二）主动争取，用足用活支持政策

国家发改委在 2014 年 3 月批准了《普洱市建设国家绿色经济试验示范区发展规划》，给予了 17 条支持政策。云南省委、省政府及时审批通过试验示范区建设实施方案，出台 27 条支持政策，每年下拨 5000 万绿色产业引导资金，建立了云南省推进普洱市建设国家绿色经济试验示范区联席会议制度，帮助解决普洱绿色发展中的重大困难和问题。为用足用活国家 17 条和省政府 27 条支持政策，确保政策转化为项目，项目落地转化为生产力，推动普洱绿色发展。市委、市政府对各项政策作了责任分解，明确市级分管领导、牵头部门和责任部门，市领导多次带领部门负责人到国家和省级部门汇报对接，市级每半年组织开展一次政策落实专项督查，取得较好成效。

（三）发展绿色产业，建立绿色经济体系

普洱坚持以"两型三化"为方向，着力构建现代绿色产业体系，聚焦"五链统筹"，抓标准、抓品牌、抓融资、抓庄园、抓整合、抓"互联网＋"，建成了一批规模化、标准化的绿色产业基地，搭建了一批产业聚集、招商引资、开放合作平台，打造了一批大健康产业品牌，初步形成了以绿色发展为主题、绿色经济为主流、绿色产业为主体、绿色企业为主力的绿色发展新格局。

1.特色生物产业提质增效

全面推广生态有机茶园、咖啡园转换工程，实施农作物病虫害绿色防控，制定农药、化肥规范使用名录，实施普洱茶地理标志产品保护行动，创建全国咖啡产业知名品牌示范区。建成生态茶园 157.4 万亩，6.67 万亩茶园通过有机认证；建成生态咖啡园 75.7 万亩、生物药 30.5 万亩，无公害、绿色、有机农产品种植面积比例达 30.4%。普洱被授予"世界茶源""中国咖啡之都"称号。

2. 清洁能源产业兴市利民

糯扎渡等一批水电、风电建成发电，全市电力装机规模达918万千瓦，普洱成为"西电东送、云电外送"的重要清洁能源基地。清洁能源产业增加值占全市规模以上工业增加值的50%，实现税收占总收入的25%左右。

3. 现代林产业增收富民

构建以林（竹）浆纸纤维为龙头，林板、林化为两翼，林下特色经济为支撑的现代林产业链式发展模式，普洱成为全国林业分类经营示范区和现代林业开发区。云景林纸公司成为西南地区最大的纸浆龙头企业，斛哥庄园开展有机铁皮石斛等中药材林下种植，实现了经济发展和生态建设双赢。全市农民每年人均获得林产业收入2950元以上，占总收入的三分之一，林产业成为广大群众脱贫致富的主导产业。

4. 休闲度假养生产业蓬勃发展。

建设国际性旅游度假休闲养生基地，普洱国家公园、西盟勐梭龙潭成功创建4A级景区，开通普洱至老挝边境旅游线路，"绿三角"旅游线路获中国自驾旅游线路评选金奖。普洱市先后荣获"中国十佳绿色城市""中国魅力城市"等称号。

（四）先行先试，八大工程从试验走向示范

普洱市建设国家绿色经济试验示范区过程中，勇于先行先试，积极推动八大试验示范工程从实验走向示范。一是以高原特色农业为重点，全面推进绿色农业试验示范工程。二是以节能减排和循环化改造为重点，全面推进绿色工业试验示范工程。三是以生态旅游和绿色金融为重点，全面推进绿色服务业试验示范工程。四是以绿色生产生活构建为重点，全面推进全社会绿色发展试验示范工程。五是以森林保护和科学开发为重点，全面推进生态建设和环境保护试验示范工程。六是以综合交通和污水处理设施为重点，全面推进绿色基础设施建设试验示范工程。七是以节能技术产业化为重点，全面推进科技创新驱动试验示范工程。八是以倡导绿色低碳生活为重点，全面推进绿色循环低碳示范城市（县、镇）创建工程。

（五）宣传引导，牢固树立绿色发展理念

弘扬绿色文化，连续举办四届绿色发展论坛、首届普洱（国际）生态文

明论坛、国际茶业大会、两岸四地茶文化高峰论坛、世界云南同乡联谊大会和民族团结进步论坛。加大了对内对外的宣传。邀请新华社、人民日报、中央电视台、云南日报、云南电视台、新华网、人民网等多家国内、省内知名媒体走进普洱，大力宣传普洱绿色发展的做法、经验和成效，大力弘扬绿色文化、推行绿色生产、倡导绿色生活。创办《绿色经济》杂志和《普洱绿色经济信息》，组织开展了生态文明、绿色发展专题培训，组织召开新闻发布会，解读宣讲发展规划、实施方案和支持政策，并将相关文件汇编成册印发到市、县（区）、乡（镇）、村（社区）四级，绿色发展理念更加深入人心，试验示范区知名度进一步提高。引导绿色共建，广泛开展精神文明、生态文明教育进学校、进乡村、进社区、进机关、进企业、进家庭活动，践行绿色发展理念成为全社会的普遍共识和自觉行动。[1]

第二节 "绿水青山就是金山银山"实践创新基地——华坪县

十八大以来，丽江市华坪县全面落实习近平生态文明思想，深入贯彻"绿水青山就是金山银山"的发展理念，依托蓝天厚土的润泽，走上了绿色发展之路。通过将绿色融入发展的各方面、全过程，华坪县形成了"产业效应、生态效应、民生效应"三位一体的良性循环，短短几年，从产煤大县变为"中国芒乡"，逐步闯出了一条绿色转型高质量发展之路，探索出"绿水青山就是金山银山"有效转化的华坪经验。

一、华坪立地条件

华坪县位于云南省西北部，丽江市东南部，金沙江中段北岸，全县辖区面积2200平方千米。县城距省会昆明340千米，是滇西入川的必经之地。境内最高海拔3198米，最低海拔1015米，县城海拔1150米，年平均气温19.6℃，年日照2486.9小时，年无霜期303天。全县辖4镇4乡（中心镇、荣将镇、兴泉镇、石龙坝镇，新庄乡、通达乡、永兴乡、船房乡），常住人

---

① 徐红斌.普洱市建设国家绿色经济试验示范区探索与实践[J].普洱学院学报，2017，33（01）：1-6.

口 15.97 万人，居住有汉族、傈僳族、彝族、傣族、苗族等 26 个民族。一直以来，华坪县是云南省煤炭产业高质量发展 5 个补充县之一，也是滇西北地区独有的肥气煤产区，已探明地质储量 1.36 亿吨，远景储量 3 亿吨。金沙江流经华坪 52.6 千米，县内有新庄河、乌木河、鲤鱼河 3 条河流，水能资源丰富。观音岩水电站装机规模 300 万千瓦，小水电装机规模 10.6 万千瓦，光伏装机规模 16 万千瓦，绿色能源丰富。

二、华坪县绿色发展历程与成效

华坪县曾是全国 100 个重点产煤县，产能单一，资源耗损严重，长期的煤矿开采造成区域内水土流失和石漠化现象频发。十八大之后，随着国家去产能、去库存、去杠杆、降成本、补短板的煤炭产业政策调整，曾是全国 100 个重点产煤县之一的华坪，因煤炭经济"断崖式"下滑，"如何转型、怎样发展"更加迫在眉睫。通过深入学习领会习近平总书记关于生态文明建设的系列重要论述和两次考察云南的重要讲话精神，华坪县立足县情实际，坚定了走生态优先、绿色发展的决心。

2018 年 8 月，华坪县委十三届四次全会正式确立了大力实施生态立县、产业富县、工业强县、文旅活县、人才兴县、依法治县、乡村振兴、党建引领"八大战略"，加快建设全国绿色有机晚熟芒果示范基地、全省清洁载能产业示范基地、大香格里拉生态文化旅游经济圈阳光康养示范基地"三大基地"，着力打造丽江旅游东部迎客厅和丽川经济走廊重要承载区、丽江工业发展核心区、金沙江绿色产业示范区"一厅三区"的"8313"绿色转型高质量跨越式发展思路，并作出了关于建设长江上游绿色经济强县的决定。

在生态文明建设过程中，华坪县坚持打好蓝天、碧水、净土三大保卫战，统筹推进山水林田湖草综合治理，深入推进城乡人居环境提升工程，努力护美华坪绿水青山，实现了青山常在、绿水长流、空气常新。境内金沙江流域年均输沙量从 2005 年的 2.23 亿吨下降到 2019 年的 0.94 亿吨，鱼类从 2013 年的 35 种发展到 2019 年的 61 种，水质达标率 100%，县城环境空气质量优良率 100%，森林覆盖率达到 72.66%。先后荣获"全国百佳深呼吸小镇"和全省首个"中国避寒宜居地"称号。2020 年，华坪县创建云南省省级生态文明县通过验收，同时被生态环境部命名为全国第四批"绿水青山就是金山银山"实践创新基地（云南省生态环境厅，2020），并在2020年联合国生物多样性大会生态文明论坛上发布推广。

在"绿色食品牌"打造过程中，积极建设金沙江绿色经济走廊，全力把华坪建设成为全国有机晚熟芒果示范基地和金沙江绿色产业示范区。截至2021年底，全县创建基左社区等"绿色食品牌"产业基地21个，芒果种植面积达42万亩，年产值24.6亿元，居云南第一、全国第三。金芒果公司获评全省"20佳创新企业"，并入选第七批农业产业化国家重点龙头企业。华坪芒果成功申报国家地理标志产品，连续3年入选云南绿色食品"10大名品"，华坪县被列为云南省"一县一业"创建示范县和"中国特色农产品优势区""国家有机产品认证示范创建区"，龙头果子山万亩芒果基地获得"最大规模的芒果种植园"吉尼斯世界纪录认证。

在"绿色能源牌"打造过程中，积极建设全省清洁载能产业示范基地，把华坪建设成为丽江工业发展核心区和丽川经济走廊重要承载区，闯出了矿业转型、矿山转绿、矿企转行、矿工转岗的"四转"煤炭产业发展模式。截至2021年底，全县煤炭行业退出产能366万吨，允许保留煤矿13个，25家煤炭企业和4.6万余名煤炭从业人员转行转岗发展绿色产业，列入全省煤炭产业高质量发展补充县。非煤矿山由42座升级保留为24座，华新水泥公司矿山创建为全国绿色矿山。修复废弃历史遗留矿山37处，1671亩。石龙坝清洁载能产业示范园被列为"云南省水电硅材加工一体化示范基地"，华坪工业园区被列为"云南省新型工业化产业示范基地"。全县工业总产值突破百亿元，完成123.3亿元，增长53.4%。清洁载能产业产值突破百亿元，完成100.8亿元，增长75.3%。

在"健康生活目的地牌"打造过程中，大力发展全域康养旅游产业，全力把华坪建设成为大香格里拉和大滇西旅游环线全域康养旅游示范基地、丽江旅游东部迎客厅。立足温度、湿度、海拔度、洁净度、优产度、和谐度、多彩度、光照度、美誉度"九度"康养旅游资源禀赋，依托美丽县城创建和芒果产业大力发展全域康养旅游，全力推进丽江华坪鲤鱼河国际康养旅游小镇建设，成功创建鲤鱼河国家水利风景区并通过3A级旅游景区评定，大香格里拉和大滇西旅游环线全域康养旅游示范基地建设也迈出新步伐。2021年实现旅游总收入10.26亿元。

三、新发展阶段的华坪绿色发展目标

《华坪县国民经济和社会发展第十四个五年规划和二○三五年远景目标》和中国共产党华坪县第十四届委员会第二次全体会议，对新发展阶段的华坪绿色发展作出了详细规划。

（一）绿色发展总体目标

新发展阶段，华坪县始终坚持以习近平新时代中国特色社会主义思想为指导，深入学习贯彻党的十九大、十九届历次全会精神和习近平总书记考察云南重要讲话精神，全面贯彻落实新发展理念和云南省委、丽江市委部署要求，以持续巩固全国"绿水青山就是金山银山"实践创新基地为新起点，按照"8313"绿色转型高质量跨越式发展思路，坚持走生态优先绿色发展之路抢抓机遇、主动服务、深度融入国家和省、市发展战略，到2025年把华坪建设成为"一厅三区"，到2035年把华坪建设成为长江上游绿色经济强县。

（二）绿色环保目标

认真履行生态文明建设历史责任，坚决筑牢长江上游重要生态安全屏障。严守生态环境保护红线，加强自然生态空间用途管控，加快构建科学合理的城市化布局、农业发展布局、生态安全格局；认真实施河（湖）保护治理行动，加快推进"智慧河湖"建设，常态化落实长江十年禁渔计划，强化水资源和岸线管理，全面提升水环境质量和生态系统稳定性；持续打好污染防治攻坚战；深入实施大气污染防治行动计划，严格落实环保准入制度。

（三）绿色产业目标

持续打造绿色发展"三张牌"，重点培育清洁载能产业、高原特色现代农业、全域康养旅游业三大产业，力争规划的千亿级清洁载能产业取得重大进展，高原特色现代农业和全域康养旅游两个产业打造成百亿级产业。

聚力做强"绿色能源牌"，引进硅、碳下游产业及配套项目，进一步建链补链延链强链，建设绿色硅材、绿色碳材精深加工产业基地。培育发展氢能和储能产业。加快允许保留煤矿复工复产，推进精深加工、煤系气勘探开发。抓好兴泉绿色建材产业园建设，开展饰面材料、新型节能建材加工。力争到2026年，清洁载能产业年产值达到250亿元以上，煤炭产业年产值达到30亿元以上，建材产业年产值达到15亿元以上，工业总产值达到300亿元以上，建设省级高新技术工业园区。建设全省清洁载能产业示范基地，把华坪建设成为丽江新型工业发展核心区和丽川经济走廊商贸物流重要承载区。

聚力做特"绿色食品牌"，加快金沙江百里芒果长廊建设，芒果种植面积达到50万亩左右，推动芒果全产业链发展，综合产值达到100亿元以上，把华坪建设成为全国绿色有机晚熟芒果示范基地和金沙江绿色产业示范区，打造中国芒果产业第一县。实施农业生产"三品一标"提升行动，以芒果、花椒、核桃、茶叶为重点，区域化发展柿子、柑桔、蚕桑、魔芋、中药材、冬春蔬菜等特色产业，建设全省水果发展重点县、蔬菜生产大县。支持特色农产品加工企业做大做强，力争到2026年，新培育年收入超亿元企业2家以上，特色农产品加工年产值达到10亿元以上，建设省级特色农产品精深加工示范园区。

聚力做优"健康生活目的地牌"，大力发展全域康养旅游产业，创建鲤鱼河4A级旅游景区和荣将芒果小镇、果子山3A级旅游景区。推进蓝色港湾片区开发，至少建成1家高品质酒店或半山酒店。发展庄园经济、乡村旅游、休闲农业，推进农文旅融合发展。把华坪建设成为大香格里拉和大滇西旅游环线全域康养旅游示范基地、丽江旅游东部迎客厅。加快推进"三大基地"和"一厅三区"建设，争创省级全域旅游示范区，力争到2026年旅游文化业总收入达到100亿元以上。全力推进华坪绿色转型高质量跨越式发展。

（四）绿色发展机制体制目标

加快建立生态产品价值实现机制。探索构建核算体系，推动生态资源量化为生态资产；探索创新绿色金融，推动生态资源转变为资金；探索出台推进机制，推动有效生态实践转化为长效工作机制；探索建立碳普惠机制，推动绿色生产生活方式成为人们自觉行动。

四、华坪县绿色发展经验与启示

十九大以来，在绿色发展的引领下，华坪县破解了"经济发展带来环境破坏"的悖论，华坪产业从"黑色经济"向"绿色经济"转型，走出一条"绿水青山就是金山银山"的实践之路。在2021年生态文明贵阳国际论坛"绿水青山就是金山银山"理论创新与实践探索主题论坛上，生态环境部发布《"绿水青山就是金山银山"实践模式与典型案例（第一批）》，华坪县去"黑"转"绿"促产业生态化模式入选，其经验值得学习与借鉴。

（一）去"黑"增"绿"，发展绿色生态产业

一是做好去黑减法，让"黑色能源"变"绿色能源"。华坪县主动化解煤炭过剩产能，煤矿由2013年的82处减少到2021年的13处，实现城乡以电代煤全覆盖；淘汰化工产能24.68万吨，非煤矿山从42家减少到24家。成功列入全国第一批增量配电业务改革试点、云南省清洁载能示范园区，清洁载能产业产值实现从0到100.8亿元的飞跃，增长75.3%。单位GDP能耗下降35%以上，单位GDP二氧化碳排放量下降31%以上。华坪县的发展动能由黑色能源转为绿色能源，县域经济实现由"黑"到"绿"的华丽转身。

二是做好"增绿"加法，"黑色产业"变"绿色产业"。通过不断探索实践，闯出了一条"矿业转型、矿山转绿、矿企转行、矿工转岗"的"四转"新模式，实现了生态环境修复、环境质量提升和群众增收致富的良性循环。曾经以"煤"为生的重点产煤县转型为依托"生态产业"致富的绿色生态产业县。

三是做好"护绿"乘法，筑牢长江上游生态安全屏障。华坪县位于长江上游金沙江干热河谷区，生态系统退化明显，水土流失和土壤石漠化严重。通过实施林业生态扶贫、石漠化综合治理及水土保持生态修复等工程，引导群众在荒山、荒坡发展绿色产业，以科学技术为支撑，推广石漠化地区光伏滴灌，解决灌溉用水难问题。

（二）完善产业链，促进产业升级

一是构筑生态产业链，"绿水青山"变"金山银山"，促进产业生态化

发展。加大培育优质晚熟芒果，错峰销售解决市场销售难题，从种植、加工等环节生态化打造有机芒果，建设全国绿色有机晚熟芒果示范基地。打造芒果深加工，延长产业链，增加附加值，解决应对千息万变单一产品的市场问题。华坪县 80% 的芒果园实现标准化有机种植；建成全国首个芒果全产业链单品种大数据平台，构建了种植、加工、流通全过程数据可控、可视的质量追溯体系。

二是融合发展，"黑色城市"变"绿色城市"，发展康养旅游。随着能源结构调整升级，绿色产业的壮大，生态环境质量不断改善。酸雨频率从 2003 年的 58% 下降至 2.56%，县城环境空气优良率达到 100%，昔日的黑色河变清水河，成功创建成为国家级水利风景区和 3A 级风景区。

第三节　国家农业绿色发展先行区——弥勒

党的十八大以来，弥勒市委、市政府坚持树立绿水青山就是金山银山的理念，锚定"滇中绿色发展强市"的战略目标，大力推进生态文明建设。一任接着一任干，像保护眼睛一样保护生态环境，像对待生命一样对待生态环境，走出了一条生产发展、生活富裕、生态良好的"美丽县城"高质量发展新路子。

2019 年 10 月，弥勒市获评国家农业绿色发展先行区。除此之外，弥勒还先后相继荣获了中国最佳休闲旅游县、国家重点生态功能区、中国最佳文化生态旅游目的地、国家园林县城、国家卫生城市、国家农业科技园区、全国绿化模范单位、中国天然氧吧等 15 个国家级称号，云南省"美丽县城"等 18 个省级称号。绿色，已成为弥勒高质量跨越发展最耀眼的底色。

一、区域概况

弥勒市位于云南省东南部、红河州北部，是"接轨滇中、连接两广"重要枢纽，是"出境入海、辐射东盟"的重要节点。全市总面积 4004 平方千米，设 9 镇 2 乡、1 个街道和 1 个农场管理局，常住人口 57.01 万人，少数民族占 44.9%，常住人口城镇化率达 60%。

地处北回归线附近的弥勒，年均气温 18.8℃，平均海拔 1450 米，水资源总量达 7.9 亿立方米，森林覆盖率达 48.3%，负氧离子浓度平均达到 2500~3000 个 / 立方厘米。温泉资源年可开采量约 600 万立方米，富含锶、锂、偏硅酸等大量的矿物质和微量元素，对人体健康十分有益。境内煤炭储藏量达 19 亿吨，果、蔬、药、花种类繁多，水果、蔬菜、花卉、中药材种植面积 66 万亩，是云南重要的食品药品原料产地。境内旅游资源得天独厚，集山、水、林、田、湖、草为一体。

二、区域绿色发展成效

作为城市转型发展先行者，从传统农业县，到以卷烟为主导的工业城市，弥勒曾较早遭遇过"成长的烦恼"，生态环境一度面临较大压力。"十三五"以来，弥勒市委、市政府始终把生态文明建设作为弥勒打造世界一流健康生活目的地的鲜明导向，按照保护优先、发展优化、治污有效的工作思路，在发展中保护、在保护中发展，成为生态文明建设与高质量率先开放发展协同并进成效最好的时期，在绿色发展的路上越走越宽。

"十三五"期间，弥勒市生态文明建设成效显著。五年里，淘汰落后产能总共 21.6 万吨，化解煤炭过剩产能 28 万吨，划定高污染燃料禁燃区 7.96 平方千米，城区空气质量优良天数年均超过 320 天。完成河道治理 24 千米，划定"千吨万人"、乡镇级集中式饮用水水源地保护区 20 个，河湖功能区水质全部达标。完成 23.45 万亩受污染耕地种植结构调整，农作物秸秆资源化利用率 87%，农膜回收率 85.4%。划定禁养区 67.14 平方千米，完成畜禽粪污资源化利用项目建设，综合利用率达 93.87%。转移危险废物 6394 吨，完成第二次全国污染源普查。新增营造林 39.62 万亩，森林覆盖率 48.3%，增加 6.71 个百分点，荣获"全国绿化模范单位"。

此外，在绿色发展理念的引领下，产业转型升级步伐加快。五年来，三次产业结构由 8.8：57.4：33.8 调整为 10.1：50.8：39.1。建成 28.81 万亩高标准农田和 18 万亩高原特色农业示范区，新增"三品一标"认证 29 个、农业新型经营主体 199 个。荣获"云南省首届最具影响力烟区"第一名、"国家农业绿色发展先行区""国家农业科技园区"。投资 257.7 亿元实施工业项目 146 个、技改项目 79 个。4A 级景区增加到 5 个，建成智慧景区 5 个、省级旅游度假区 1 个、旅游名镇 7 个。接待游客 4500 万人次，实现旅游收入 442.74 亿元，分别是"十二五"期间的 2.85 倍、5.08 倍。获评全国电子商务进农村综合示范县，电子商务交易额达 14.2 亿元。第三产业增加值年均增长 10.7%。

2020 年，弥勒市地区生产总值完成 442 亿元；固定资产投资完成 308.32 亿元，增长 11.4%。地方一般公共预算收入、支出分别完成 19.45 亿元、40.94 亿元，分别增长 2.2%、2.5%。社会消费品零售总额完成 104.07 亿元；城镇、农村常住居民人均可支配收入分别完成 39669 元、16061 元，分别增长 4%、8.5%。

三、新阶段弥勒绿色发展目标

以"生态立市、产业强市、文化兴市、开放活市、依法治市"为举措，形成以绿色发展为主题、绿色经济为主流、绿色产业为主体、绿色企业为助力的绿色发展格局，加快建设滇中绿色发展强市、打造世界一流健康生活目的地云南样板是"十四五"及今后一段时期弥勒市清晰的绿色发展目标，具体蕴含在了生态与产业两大方面。

（一）做靓生态，描绘绿色发展新画卷

坚持生态优先。统筹推进山水林田湖草系统治理，大力推行"林长制"，强化森林资源保护，实施生态修复治理、国储林等重大生态建设工程。建成城北森林公园，加快林业产业转型升级，持续提高森林覆盖率，争创"国家森林城市"。

推动绿色发展。严控"两高"行业产能，加大高排放、高污染企业淘汰力度，完成"三线一单"编制。围绕"三张牌"战略部署，全面打造绿色供应链，强化源头控制、过程管理和末端治理，科学开发利用新能源，协同推动高质量发展与生态环境保护。

抓实生态治理。持续打好污染防治攻坚战，加快推进太平湖环湖截污生态治理项目建设，深入开展饮用水水源地保护区环境排查整治，全面落实"河（湖）长制"，完成地热水资源整治，持续提升水环境治理能力。严格危废监管，加大病死畜禽无害化处理，不断提升受污染耕地利用率，确保农作物秸秆综合利用率、农膜回收利用率分别达 90%、86% 以上。强化扬尘防控，统筹推进油、路、车污染防治，确保城区空气质量优良天数稳定在 350 天以上。

（二）做优产业，实现现代产业新突破

做优现代农业。持续巩固提升 18 万亩高原特色现代农业示范区建设成效，加快国家农业绿色发展先行区和 2.52 万亩高标准农田建设，完成水田提质改造 2500 亩以上。加大农业科技创新力度，培育壮大优势特色产业，新增高新技术企业 2 户，力争国家农业高新技术产业示范区创建成功。扎实推进太平湖国家农村产业融合发展示范园、现代花卉产业园、"5 个 10 万亩"水果基地建设，确保粮食、蔬菜、水果、花卉种植面积分别达 82 万亩、27 万亩、33 万亩、4.5 万亩以上。稳步推进智慧烟草创新基地、虹溪和巡检司烟区产业综合体建设，加速恢复核心烟区，建好原料第一车间，完成烤烟收购 42.5 万担。扎实推进温氏、金锣生猪养殖和新广农牧 65 万套种鸡场项目，提升畜禽生产能力，将生猪产业创建为"一县一业"。培育壮大一批新型经营主体，新增"三品一标"认证 5 个以上。

做强现代工业。持续完善园区水、电、路、气、信等基础设施，清理园区僵尸企业，盘活闲置土地、厂房资源，腾出项目入驻空间，争创省级特色农产品加工产业园区。启动江楠国际农产品冷链物流加工园、华润圣火、温氏家禽屠宰加工等项目建设，建成冷链仓储物流、金锣生猪养殖屠宰及肉制品深加工、生物谷二期。加快红河烟叶复烤易地技改项目建设，确保红河卷烟厂易地技改项目一季度正式投产，红河雄风易地技改项目年底建成投产，持续巩固提升烟草支柱产业新优势。扎实推进绿色新型建材循环经济产业园、石材加工产业园、国能煤电煤矿煤矸石综合利用等项目建设，做实国能煤电煤矿扩建项目前期，推动传统产业扩能提效。积极培育现代通用航空产业，发展以浩翔科技为龙头的航空装备制造业，打通制造端和运营端链接，抢占全省通用航空领域新市场。深化"产学研"合作，持续拓展与浙江大学、红河创新技术研究院、上海化工研究院等知名院校、科研机构合作领域和空间，打通科研产品销售渠道和市场，提升科技成果转化率。积极培育"专精特新"中小企业和民营"小巨人"，新纳规升规企业 6 户。

做大现代服务业。持续打好世界一流健康生活目的地牌，积极融入大滇西旅游环线、昆玉红旅游文化带和全州"五区一带"建设，巩固国家全域旅游示范区创建成果，拓展"中国天然氧吧"及秋雨书院品牌效应。统筹做好"景观打造、业态培植、旅游＋融合"三篇文章，抓实旅游景区标准化建设，建成太平湖花海小屋、森林帐篷等一批半山酒店。加快推进红河水乡国际汽摩运动区、"东风韵"七养园康养示范区和国际房车露营基地、太平湖融创酒店、可邑小镇阿细部落等项目建设，全面提升4个特色小镇产业布局和运营管理服务水平。启动融创太平湖及甸溪河、红河养园文旅康养项目建设，建成弥勒糖街、梅花温泉主题特色街区，持续丰富"夜游甸溪河、夜秀锦屏山、夜宿可邑村"夜间经济业态，实现接待游客、旅游收入双提升。

第四节　国家生态文明建设示范区——怒江傈僳族自治州

怒江地处中缅滇藏结合部，"三江并流"世界自然遗产地，曾是全国深度贫困"三区三州"之一。境内有高黎贡山国家级自然保护区和云岭省级自然保护区，是西南边境重要的生态屏障。十八大以来，怒江州委、州政府始终在脱贫攻坚中保护好绿水青山，走出了一条脱贫攻坚与生态环境保护双促共赢的路子。2020年，怒江傈僳族自治州被生态环境部命名为国家生态文明建设示范州（中华人民共和国生态环境部）。

一、区域概况

怒江傈僳族自治州位于云南省西北部，怒江中游，因怒江由北向南纵贯全境而得名，是中国唯一的傈僳族自治州，也是中华民族族别成分最多和中国人口较少民族最多的自治州。全州总面积14703平方千米，辖泸水市、福贡县、贡山独龙族怒族自治县、兰坪白族普米族自治县4个县（市）。2020年末全州常住总人口达到55.27万人。

怒江州境内地势北高南低，形成了"四山夹三江"的独特地貌，特殊的地理环境和气候条件孕育了丰富的生物资源，全州森林覆盖率78.90%。辖区内有大面积的保存完整的原始森林分布，植被类型、物种丰富度和特有化程度居世界大陆区系首位，被誉为哺乳动物的分化中心、东亚植物区系的摇篮和重要模式标本产地，是世界上生物多样性保护的关键地区，拥有全省面积最大的国家级自然保护区，同时也是三江并流世界自然遗产地的核心区，是我国西南生态安全屏障的前沿和载体。

由于高山峡谷的特殊地形，州内除兰坪的通甸坝和金顶坝较为开阔之外，多为高山陡坡，可耕地面积少，垦殖系数不足 4%。耕地沿山坡垂直分布，76.6% 的耕地坡度均在 25 度以上，可耕地中高山地占 28.9%，山区半山区地占 63.5%，河谷地占 7.6%。全州气候既具有云南省年温差小、日温差大，干湿季分明、四季之分不明显的低纬高原季风气候的共同特点，同时因受地形地貌和纬度差异的影响，又具有北部冷、中部温暖、南部热，高山寒冷、半山温暖、江边炎热的独特立体气候特征。

此外，怒江州境内江河密集，纵横交错，分属怒江、澜沧江、伊洛瓦底江三大水系。三大水系年均自产水量达 226.21 亿立方米，人均水资源量超过 4 万立方米，居全省首位。蕴藏水能资源达 2000 多万千瓦。但全州水利工程设施少，工程性缺水严重，截至 2020 年底，已建成水库 8 座（其中中型水库 2 座），水库总容积达到 0.48 亿立方米，年供水量 0.34 亿立方米；已建农村集中式供水工程 1622 处，全州有效灌溉面积达到 24.81 万亩。全州水资源开发利用率仅为 0.8%，有效灌溉率仅为 33.19%，比全省平均水平 39.5% 低 6.31 个百分点，低于全国、全省的平均水平。

二、"两山"转化与生态脱贫成效

近年来，怒江州积极贯彻落实党中央、国务院和云南省委省政府关于生态脱贫攻坚战和生态保护要求，成立了怒江州产业扶贫工程指挥部和生态扶贫工程指挥部，制定出台了《关于在脱贫攻坚中保护好绿水青山的决定》《怒江州生态文明建设脱贫示范区行动计划》《怒江州林业生态脱贫攻坚行动方案》，"两山"转化取得积极进展（云南省生态环境厅）。

（一）生态产业脱贫

怒江州扎实推进种植业结构调整，大力发展草果、花椒、漆树等绿色香料产业，规划了泸水绿色香料产业园。全州绿色香料种植面积达 134.5 万亩，其中：草果 111 万亩、花椒 15 万亩。怒江已成为我国草果的核心产区和云南省最大的草果种植区，带动怒江沿边 3 个县市 4.31 万户农户增收，覆盖 16.5 万人。大力推进峡谷蜂蜜、特色生态畜禽产品等生态食品和品牌生产基地建设。依托大滇西旅游环线，正加快形成服务于全自由行的旅游供给体系，打造生态怒江、风情怒江、畅通怒江、动感怒江和富民怒江，把怒江州建成世界独一无二的生物多样、生态优美、文旅融合、路景一体、智慧、友好的生态旅游目的地。

（二）生态工程脱贫

怒江州持续推进怒江、澜沧江"两江"流域生态修复和怒江花谷生态建设。完成 58.52 万亩退耕还林还草任务，带动建档立卡贫困户 2.64 万户，8.96 万人。实施天然林资源保护、退耕还林、陡坡地生态治理等重点生态工程，近 3 年来累计完成营造林 58.52 万亩，累计种植各类观赏苗木 2040.77 万株 19.81 万亩。

（三）生态公益脱贫

全州组建 43 个脱贫攻坚造林专业合作社。从建档立卡贫困人口中选聘生态护林员 30643 名，地质灾害监测员 2919 名，河道管理员 5981 名，护边员 2091 名。"一人护林，全家脱贫"，生态护林员在生态扶贫战略中正发挥着重要作用。少数民族生态护林员比例高达 97%，实现了山山有人管、箐箐有人护。

三、怒江州绿色发展经验与启示

（一）打好生态底色，创新脱贫模式

创新"生态护林员 +"模式，实施退耕还林还草把荒山变成了生态林、经济林；推进产业帮扶，建成 46 个扶贫车间，组建 186 个生态扶贫专业合作社；发展峡谷特色生态产业，培育发展文化旅游产业，保护传承民族文化，助力脱贫攻坚。

（二）筑牢生态屏障，巩固保护成果

通过实施退耕还林还草、生态修复以及加强生物多样性监测和技能培训，2019 年森林覆盖率达 78.08%，巩固了生物多样性保护成果，不断发现新分布珍稀野生动植物。率先开展全州生态资产核算及生态补偿政策研究，核算怒江州生态系统生产总值约 6217 亿元，单位国土面积生态资产价值 4263 万元 / 平方千米。

第五节　重点流域绿色生态发展

九湖治，云南兴；九湖清，云南美。九大高原湖泊流域是云南省粮食、蔬菜、水果等重要农产品的主产区，是云南人口密度最大的区域，也是人为活动较频繁、经济相对发达的区域。十八大以来，云南始终把九大高原湖泊保护治理作为大事要事来抓，举全省之力打好九大高原湖泊保护治理攻坚战，加强重点流域生态系统修复和环境综合治理，积极参与长江绿色生态廊道建设，推进洱海抢救性保护行动，强化滇池、抚仙湖等九大高原湖泊生态系统保护与治理，在九大高原湖泊重点流域绿色生态发展上作出了突出贡献。

针对九大高原湖泊流域，云南省实施了系列生态保护与修复工程，包括：一是截污治污体系建设，通过完善污水处理设施及配套管网，着力构建覆盖九湖全流域的污水收集处理体系。二是入湖河道生态治理。围绕"河畅、湖清、岸绿、景美"目标，对九湖流域主要入湖河道进行生态治理，实现清水入湖。三是实施调水补水及置换有关工程。四是生态修复与湿地建设，通过削减过境污染，净化水质，增加湖泊环境容量。五是实施生态搬迁，以减少九湖核心保护区的人为干扰。六是实现垃圾减量化、资源循环化利用。进行垃圾收集及无害化处理、畜禽粪便等废弃物循环处理，达到废弃物减量化、再利用、资源化。2021 年 9 月，云南省委、省政府印发《关于"湖泊革命"攻坚战的实施意见》（云发〔2021〕22 号），明确"退、减、调、治、管"保护治理综合措施，对"九湖"农业绿色发展指明了方向和路径。目前，九大高原湖泊水质总体平稳向好。2021 年，抚仙湖流域治理被自然资源部列入 10 个中国特色生态修复典型案例，洱海流域被纳入全国第二批流域水环境综合治理与可持续发展试点。

一、绿色理念引领洱海保护治理

洱海是全国第七大淡水湖，是云南省第二大高原湖泊，是大理人民的"母亲湖"。云南省和大理州牢记习近平总书记"一定要把洱海保护好"的殷殷嘱托，不忘"让洱海水更干净、更清澈"的初心使命，开启洱海保护"抢救模式"，组建一线指挥部，派驻一线工作队，把每月第一个星期六设立为"洱海保护日"，发扬"我不上谁上，我不干谁干，我不护谁护"的洱海精神，集中一切力量，采取一切措施，累计投入资金 339 亿元，统筹推进"山水林田湖草"综合治理、系统治理、源头治理，推动洱海保护取得阶段性成效。

（一）洱海概况

洱海，在古代文献中曾被称为"叶榆泽""昆弥川""西洱河""西二河"等，位于云南省大理白族自治州大理市北部，因形状似人的耳朵而取名为"洱海"。洱海作为云南省第二大高原湖泊，属澜沧江、金沙江和元江三大水系分水岭地带，湖面高程 1966 米时库容为 29.59 亿立方米，湖面面积 252 平方千米，湖岸线全长 129 千米，水产资源较为丰富。洱海流域面积 2565 平方千米，流域辖大理市、洱源县 15 个乡镇和 3 个办事处、167 个村委会和 33 个社区，总人口 87 万人。1981 年，洱海经云南省人民政府批准公布为云南省级自然保护区。1994 年，经中华人民共和国国务院批准，设立苍山洱海国家级自然保护区。

（二）洱海保护治理的艰辛历程与成效

洱海作为云南大理州最重要的生态资源之一，保护治理经历了漫长之路。

20 世纪 80 年代，洱海水质较好，一直保持在贫营养状态。随着洱海流域经济的发展、人口的聚集和生产生活方式的变化，对洱海水环境的影响越来越大，洱海经历了一个由贫营养湖泊向中营养湖泊再到富营养湖泊的演变过程，洱海的保护治理也与此相伴随。

1996 年和 2003 年，洱海曾经两次暴发全湖性蓝藻，水质急剧下降，引起大理州委、州政府高度重视，先后提出了"像保护眼睛一样保护洱海"和"洱海清、大理兴"的保护发展理念，及时采取了取消网箱养鱼、取消机动船的"双取消"，退塘还湖、退耕还林、退房还湿的"三退三还"和禁磷、禁白、禁牧的"三禁"等一系列重大举措，系统实施了主要入湖河流水环境综合整治、农业农村面源污染控制、生态修复建设、流域水土保持、环境管理及能力提升等工程建设，推动洱海保护治理进入了水污染防治阶段，取得了一定成效。

2008年12月，环境保护部在大理召开了洱海保护治理经验交流会议，用"循法自然、科学规划、全面控源、行政问责、全民参与"20个字，高度概括了洱海的保护治理经验。随后几年，大理州始终把洱海保护治理工作作为全州工作的重中之重，全面开展清洁家园、清洁水源、清洁田园的"三清洁"环境卫生整治工作，实施了围绕实现洱海Ⅱ类水质目标，用3年时间，投入30亿元，实施3大类工程的"2333"行动计划，进一步推进洱海保护治理工作。

2015年1月，习近平总书记到云南考察时作出了"一定要把洱海保护好"的重要指示，推动洱海保护治理进入一个全新的历史阶段。大理州始终牢记习近平总书记的殷殷嘱托，坚决贯彻落实党中央、国务院和环境保护部以及云南省委、省政府关于生态文明建设和水污染防治工作的系列决策部署，紧密结合洱海保护治理工作实际，扎实推进依法治湖、科学治湖、工程治湖、全民治湖和网格化管理"四治一网"工作，科学规划并实施了截污治污、入湖河道综合治理、流域生态建设、水资源统筹利用、产业结构调整、流域监管保障"六大工程"，全力保护治理洱海。2015年9月份，洱海保护治理"四治一网"经验得到环境保护部充分肯定，并在全国推广借鉴。

2016年7月，中央环境保护督察组督察云南，指出了大理州在洱海保护治理工作中存在流域空间管控不严、过度开发建设等突出问题。面对洱海保护治理日益严峻的形势，云南省委、省政府作出"采取断然措施，开启抢救模式，保护好洱海流域水环境"的重要决策部署。大理州以中央环境保护督察整改工作为抓手，迅速行动，超常施策，全面进入备战状态、启动一线工作机制，举全州之力推进流域"两违"整治、村镇"两污"治理、农业面源污染减量、节水治水生态修复、截污治污工程提速、流域综合执法监管、全民保护洱海"七大行动"，更加全面地打响洱海保护治理攻坚战。

2018 年 11 月，为认真贯彻落实习近平总书记关于洱海保护治理的重要批示精神，省委、省政府专门成立以省长任组长的洱海保护治理工作领导小组，举全省之力，高位推进洱海保护治理工作。大理州按照省委、省政府关于实现"四个彻底转变"、坚决走出"六大误区"的工作要求，坚持以洱海保护统领全州经济社会发展全局，一手抓洱海保护治理，一手抓流域转型发展，统筹推进"山水林田湖草"综合治理、系统治理，坚决打响了环湖截污、生态搬迁、矿山整治、农业面源污染治理、河道治理、环湖生态修复、水质改善提升、过度开发建设治理的洱海保护治理"八大攻坚战"。2019 年 2 月，中央政治局常委、国务院副总理韩正率队到大理调研，对洱海保护治理取得的阶段性成效给予了充分肯定。

"十三五"期间，洱海全湖水质累计实现 32 个月 Ⅱ 类，没有发生规模化蓝藻水华。洱海保护治理范围从 252 平方千米的湖区扩大到 2565 平方千米的整个流域。同时，大理州颁布施行了《大理白族自治州湿地保护条例》《大理白族自治州水资源保护管理条例》等 14 个单行条例，构建了富有大理特色、系统较为完备的洱海保护法规体系。重新修订《大理白族自治州洱海保护管理条例》及其实施办法，把流域划分为一、二、三级保护区，逐级明确保护管理的边界、原则和要求。编印《洱海流域常见违法违规行为及查处法律法规依据》，出台《洱海流域一二级保护区相对集中行政处罚权的方案》，加大对流域重点企业、餐饮客栈、农村违建、取水用水、渔政管理等工作的监管执法力度，确保洱海保护治理有法必依、执法必严、违法必究。[①]

（三）洱海的绿色发展规划

《洱海保护治理与流域生态建设"十三五"规划（2016—2020 年）》明确提出："十三五"期间，洱海湖心断面水质稳定达到 Ⅱ 类，全湖水质确保 30 个月、力争 35 个月达到 Ⅱ 类水质标准，水生态系统健康水平明显提升，全湖不发生规模化藻类水华；到 2020 年，主要入湖河流永安江、中和溪消除劣 Ⅴ 类，弥苴河、罗时江、波罗江、白石溪、万花溪、茫涌溪总氮、总磷

① 周应良，杨艳飞，杨静. 洱海流域畜禽养殖污染的调查和治理 [J]. 中国畜牧业，2017（18）：71-72.

较 2015 年降 20% 的目标。[①]

《大理州洱海流域空间规划（2017—2035）》明确，按"以水定人"法最终确定流域远景生态容量（资源环境承载力约束下的合理人口容量）约130 万人左右。规划 2035 年洱海流域人口规模 120 万人，其中常住人口控制在 114 万人以内，旅游当量人口在 6 万人左右，规划远期洱海流域城镇化水平达到 83% 左右，城镇人口达到 100 万人左右。到 2020 年，全面建设洱海流域协调发展新格局，生态环境质量总体改善。洱海水生植被覆盖率发育 9%，洱海富营养化综合指数 TILC 不超过 38，流域森林覆盖率达到 40%。到 2035 年，全面实现生态底线严格控制、保护和发展协调的空间治理体系。洱海全面实现 II 类水质，流域森林覆盖率达到 45% 以上，流域生态、农业、城镇空间比例控制为 78 ： 17 ： 5。到 2050 年，全面实现人文与自然环境相得益彰、和谐发展的流域典范，建设成为自然地理环境景观特色鲜明、生态环境一流、山水林田湖协调发展、城镇村有机结合的宜居流域。

（四）洱海治理的经验与启示

洱海保护治理取得重大成效。从 20 世纪 80 年代至今，洱海流域绿色发展开启了从"一湖之治"向"流域之治""生态之治"的根本性转变，流域绿色转型发展迈出实质性步伐，建立了"多层级联动、全流域覆盖、多部门协同、全社会参与"的责任体系，实施了"决策科学果断、措施动态精准、执行坚决有力、作风勇猛顽强、全民共同参与"的攻坚作战模式，铸就了"我不上谁上、我不干谁干、我不护谁护"的洱海精神，构筑了"看得清方向的高度、扛得住挫折的厚度、干得成事情的强度"的洱海格局。

洱海治理中形成的"四个坚持"也将为其他流域的治理带来新的启示。第一，坚持全民治湖，形成"书记省长带着干、部委厅局帮着干、全州上下齐心干"的全方位推动格局。第二，坚持科学治湖，建成覆盖全流域的数字洱海监管服务平台，构建"天空地水"一体化感知网络。第三，坚持系统治湖，从生态系统整体性和洱海流域系统性着眼，统筹推进洱海流域山水林田湖草沙一体化保护和系统治理。坚持依法治湖，确保洱海保护治理有法必依、

---

① 奚圆圆，杨振花．论水文化与洱海治理 [J]．云南水力发电，2021，37（01）：209-212.

执法必严、违法必究。

二、科学治理实现滇池绿色发展

滇池是云南的"高原明珠"，是昆明的名片，作为昆明市的母亲湖，它的水环境关系着昆明的命运，影响着云南的发展。作为长江经济带上游地区的第一大湖，其水质特征还关乎中下游地区的生态安全。[①]长期以来，滇池保护治理是昆明最大的生态工程，事关生态文明建设全局，保护和治理好滇池是争当生态文明建设排头兵的关键所在。

（一）滇池概况

滇池，亦称昆明湖、昆明池、滇南泽、滇海，素有"高原明珠"的美誉。位于昆明市西南部，为西南第一大湖，中国第六大淡水湖。地处长江、珠江和红河三大水系分水岭地带，地势由北向南逐渐降低，面积2920平方千米。滇池海拔1887.5米，平均水深5.3米，湖岸线长约163千米，湖水面积309.5平方千米，占流域的10.3%，蓄水量15.6亿立方米。湖体北部有横亘东西的海埂，把湖体分为内外两部分，海埂以南称外海，是滇池的主体部分，面积290平方千米；海埂以北称草海，面积约10平方千米。

流域气候属北亚热带湿润季风气候，多年平均降雨量874毫米，年内分配极不均匀，80%的降雨集中在雨季，致使冬干夏湿，干湿分明，平均水资源量5.7亿立方米，属水资源缺少地区。年际变化大，存在连续丰水，连续枯水长等特点。

作为昆明市工农业的重要水源，滇池对维持昆明的生态平衡发挥着至关重要的作用。但它也曾是中国污染最严重的湖泊之一，湖内蓝藻猖獗，生态环境恶化，在"九五"期间被我国政府列为"三河三湖"（辽河、淮河、海河，太湖、巢湖、滇池）重点治理工程之一。经过多年治理，如今的滇池水一天比一天清澈，一池碧水今再现，渚清沙白鸟飞回。大大小小的环湖湿地公园成了大家休闲的好去处。

---

① 段昌群.科学治理实现绿色发展[N].光明日报，2020-9-4.

（二）滇池绿色治理成效

20 世纪 70 年代后期开始，随着滇池流域内人口的急剧增加和城市的飞速发展，流域粗放的产业布局与工业发展方式，及与之相对的环境保护措施缺失，使得滇池水质迅速富营养化，水质降为劣 V 类，[①] 在 "九五" 期间成为中国污染最严重的湖泊之一。为了让这颗高原明珠重新散射出璀璨的光芒，从 20 世纪 80 年代开始，滇池保护治理就被中央和地方政府提上议程。

1988 年 7 月，《滇池保护条例》这一地方性法规正式颁布实施，标志着滇池保护工作进入系统化、法制化轨道。从 1988—2020 年，32 年的滇池流域保护治理工作总结为治理启动阶段（1988—1995 年）、全面治理阶段（1996—2005 年）、治理提速阶段（2006—2010）、科学精细治理阶段（2011—2020 年）。[②] 经过 "十一五" "十二五" 两个五年规划的大力整治，滇池湖体与主要入滇河道水质大幅提升，总量控制目标基本完成，但湖体水质与规划目标仍存在一定差距。[③] 2013 年以后，特别是 "十三五" 以来，滇池治理科学统筹各大系统工程、坚持生态优先、精细管理和科研支撑，流域保护治理工作进入了科学精细治理阶段。"九五" 至 "十三五" 期间滇池流域保护治理工作总结详见表 5-2。

表 5-2　　　　　　　　　　　　1996—2020 年滇池流域保护治理工作梳理

治理阶段	时期	完成投资（亿元）	治理方向	主要建设内容	治理成效
全面治理阶段	"九五"时期（1996—2000 年）	25.30	工业污染治理和城镇污水厂建设	流域工业污染源基本实现达标排放；建成 4 座城市污水处理厂，污水设计处理能力达到 36.5 万立方米 / 日；完成滇池北岸截污工程，设计截污能力 30 万立方米 / 日；完成盘龙江中段、大观河等河道截污疏浚工程和草海底泥疏浚一期工程等。	滇池污染迅速恶化的趋势初步得到遏制，流域工业污染源排放的主要污染物基本实现达标排放，主城区旱季污水处理率超过 60%，草海水体黑臭状况得到明显改善。

[①] 高伟，翟学顺，刘永 . 流域水生态承载力演变与驱动力评估——以滇池流域为例 [J]. 环境污染与防治，2018，40（07）：830–835.

[②] 何佳，徐晓梅，杨艳，等 . 滇池水环境综合治理成效与存在问题 [J]. 湖泊科学，2015，27（02）：195–199.

[③] 刘瑞志，朱丽娜，雷坤，等 . 滇池入湖河流 "十一五" 综合整治效果分析 [J]. 环境污染与防治，2012，34（03）：95–100. 曾思育，曾亚妮，董欣，等 . 滇池流域水污染防治 "十二五" 规划实施效果后评估 [J]. 环境影响评价，2018，40（04）：34–38.

续表

治理阶段	时期	完成投资（亿元）	治理方向	主要建设内容	治理成效
全面治理阶段	"十五"时期（2001—2005年）	22.32	污染控制和生态修复	主城区雨污分流管网体系和截污系统逐步建设，新增污水设计处理能力30万立方米/日，完成九条入湖河道整治工程，继续实施草海和外海部分区域的清淤疏浚，完成环湖3.3平方千米鱼塘水塘等还湖，在草海和外海部分水域实施水生生态修复项目，流域内农业面源治理开始引起重视。	未完全实现"十五"计划污染物排放总量控制目标，滇池草海处于重度富营养状态，水质为劣V类，外海处于中度富营养状态，水质为V类。
治理提速阶段	"十一五"时期（2006—2010年）	171.77	综合治理："六大工程"环湖截污、农业农村面源治理、生态修复与建设、入湖河道整治、生态清淤等内源污染治理、外流域引水及节水。	流域内污水收集控制能力大幅度提升，新增污水设计处理能力47万立方米/日，污水处理厂出水均达一级A标；基本完成环湖干渠（管）截污工程和牛栏江—滇池补水工程；加大湖泊生态修复治理、生态清淤力度，实施14条入湖河道综合整治工程，增加研究示范和监管能力建设投入。	滇池流域总量控制达到规划目标，入湖河道水质明显改善，但是滇池草海、外海水质仍处于劣V类。
科学精细治理阶段	"十二五"时期（2011—2015年）	289.79		实施流域截污治污、牛栏江引水、尾水外排及资源化利用等工程，初步构建了滇池流域健康水循环体系；进一步完善滇池流域污水收集体系，流域新增城市污水处理能力91.5万立方米/日，同时加强流域污水处理厂处理深度，进一步提升出水水质。	入湖污染物削减率达到规划目标，入湖河道水质、滇池草海、外海水质指标也满足"十二五"规划目标，但滇池总体水质仍处于劣V类，主要超标污染物为CODCr、TP和TN。
	"十三五"时期（2016—2020年）	192.68	系统完善、精细治理	规划新增设计污水处理能力25万立方米/日，新建排水管网566千米，新增湿地330.65公顷，综合提升流域污水收集处理、河道整治、湿地修复、水资源优化调度效能，统筹解决水环境、水资源、水生态问题。	基本已完成"十三五"规划目标，2019年，全湖水质继续保持IV类，水质状况转为轻度污染，35条入滇河流中，27条入湖断面水质达标，列入国家考核的12条河道全部达到国家"十三五"规划水质的目标要求。

资料来源：徐畅，刘颖，刘元元.滇池流域保护治理研究与展望[J].四川环境，2021，40（06）：246-251.

经过多年艰难曲折的治理，滇池治理终见成效，水质"成绩单"不断刷新。2016年，滇池全湖水质首次从劣Ⅴ类提升为Ⅴ类，摘掉了"劣Ⅴ类"帽子；2018年，滇池全湖水质从Ⅴ类升至Ⅳ类，为1988年建立滇池水质数据监测库30年以来的最好水质；2019年、2020年滇池全湖水质保持Ⅳ类。蓝藻水华持续好转，发生中度以上蓝藻水华由2015年的32天减少到2020年的5天。35条入湖河道中，水质达到或优于Ⅲ类的17条，比2015年增加了12条，纳入国家考核断面的12条河道均达到滇池"十三五"规划水质目标要求。

（三）流域绿色发展经验

1. 高度重视，系统治理

长期以来，云南省委、省政府，昆明市委、市政府始终把滇池保护治理作为"一把手"工程、头等大事和严肃政治任务来抓，把"生态化"昆明建设贯穿到滇池保护治理工作中，提出了"四个治滇"工作思路和"六个转变"工作路径，形成了包括《滇池保护条例》《城镇污水处理厂主要水污染物排放限值》地方性法规标准、"双目标责任制"、流域生态补偿制度、联席会议制度等众多创新制度，创新实施河道生态补偿机制，全面深化河（湖）湖长制，开展"一河一策"综合治理。紧紧围绕滇池治理"十四五"规划目标，打好"湖泊革命"攻坚战，统筹山水林田湖草一体化保护修复，"退、减、调、治、管"多管齐下，切实做好滇池保护治理，推动形成人与自然和谐发展现代化建设新格局，使昆明发展的基础更加坚实、人民生活的环境更加美好。

2. 规划引领，科学施策

回顾滇池治理30多年历程，第一个十年主要以点源污染控制为主；随后十年在"遏制增量污染"的同时"削减存量污染"，治标和治本双管齐下；最近十年，以"科学治滇、系统治滇、集约治滇、依法治滇"为指导，坚持顶层规划、科学施策。通过调查研究、量化分析，综合运用工程技术、生物技术、信息技术、自动化控制等各种技术手段，实施污染源头控制、河道综合整治、河口末端治理，以及河道、管网、污水处理厂、环湖截污系统、雨污调蓄系统联动运行，实现精准治污和科学治滇。通过将滇池治理纳入城市建设与管理体系，实施产业结构调整，构建截污治污系统、健康水循环系统、生态系统、精细化管理系统实现系统治滇。通过优选低耗、绿色、高效的最佳适用技术对关键污染物进行源头减排；优化已建工程运行管理、提能增效，实现投资效益最大化；强化节水工程实施，倡导全民节约用水、绿色生活，实现集约治滇。通过完善陆域和湖体监测体系、深化河长制、排放标准法定化、提升《云南省滇池保护条例》执行效能、健全考核体系，加大环境联合执法力度，诉诸法律严厉打击各类环境违法犯罪行为，实现依法治滇（《滇池保护治理三年攻坚行动实施方案（2018—2020年）》）。

第六章　云南省绿色发展水平评价

　　"绿色"是新旧发展模式交替的分水岭，是实现生产发展、生活富裕、生态良好的文明发展道路的必然选择，也是云南经济社会发展最富生机的价值底板。绿色发展至关重要，习近平总书记关于绿色发展的理念是站在新时代历史方位对我国未来发展模式的顶层设计。目前，我国已进入全面建设社会主义现代化国家新征程、向第二个百年奋斗目标进军的重要阶段，必须立足新发展阶段，从总体上把握发展中的新变革、新要求、新目标，完整、准确、全面贯彻新发展理念，构建新发展格局，让绿色成为高质量发展的底色。

第一节　绿色发展研究进展

一、绿色发展的科学内涵

（一）绿色发展的内涵

　　20 世纪 80 年代末，英国环境经济学家戴维·皮尔斯在其著作《绿色经济蓝图》中首次提出了"绿色经济"的概念，强调通过对资源环境产品和服务进行适当的估价，实现经济发展和环境保护的统一，从而实现可持续发展。1991 年，戴维·皮尔斯出版的学术著作《绿色经济》在更加广泛的框架内探讨了环境与经济的关系。2011 年，联合国环境规划署在《迈向绿色经济：实现可持续发展和消除贫困的各种途径》报告中，将绿色经济定义为是可提高人类福祉和社会公平，同时又显著降低环境风险和生态稀缺的经济，其具有低碳、资源节约和社会包容的特点。[①] 随着人们对人与资源环境之间关系认识的推进，鉴于其与人和人、人和社会关系的内在关联性，绿色发展的内涵和外延也发生了一定的变化，一些学者将绿色发展拓展到经济领域之外的更广泛的内容，[②] 绿色发展也已从单纯的经济学名词转化成人类社会发展的基本共识。[③] 但对于绿色发展的内涵不同学者的研究视角和侧重点有所不同，因而所提出的观点也就存在差异。

从发展观的角度阐述，绿色发展是对传统发展方式的辩证否定，是由人与自然尖锐对立以及经济、社会、生态彼此割裂的发展形态，向人与自然和谐共生以及经济、社会、生态协调共进的发展形态的转变。[④] 蒋南平认为"绿色发展应建立在'资源能源合理利用，经济社会适度发展，损害补偿互相平衡，人与自然和谐相处'的基础上。[⑤] 这些研究结果，将绿色发展的领域拓展到经济、社会和生态三方面，同时又融入人与自然和谐发展的理念，丰富了绿色发展的内涵。

此外，还有不少学者从可持续发展的视角开展了研究，认为绿色发展是可持续发展的重要途径。胡鞍钢等指出绿色发展观是第二代可持续发展观，绿色发展强调经济系统、社会系统与自然系统的共生性和发展目标的多元化，即三大系统的系统性、整体性和协调性；绿色发展的基础是绿色经济增长模式，且绿色发展强调全球治理。[⑥] 绿色发展是在生态环境容量和资源承载能力的制约下，通过保护自然环境实现可持续科学发展的新型发展模式和生态发展理念。[⑦]

尽管学界对绿色发展尚未形成统一的定义，但普遍认同在绿色发展这个系统概念中，蕴涵着绿色生态发展、绿色经济发展、绿色政治发展、绿色文

---

① 佟贺丰，杨阳，王静宜，封颖．中国绿色经济发展展望——基于系统动力学模型的情景分析 [J]．中国软科学，2015（06）：20-34.

② 黄志斌，姚灿，王新．绿色发展理论基本概念及其相互关系辨析 [J]．自然辩证法研究，2015，31（08）：108-113.

③ 秦书生，杨硕．习近平的绿色发展思想探析 [J]．理论学刊，2015（06）：4-11.

④ 李佐军．中国绿色转型发展报告 [M]．北京：中共中央党校出版社，2012.

⑤ 蒋南平，向仁康．中国经济绿色发展的若干问题 [J]．当代经济研究，2013（02）：50-54.

⑥ 胡鞍钢，周绍杰．绿色发展：功能界定、机制分析与发展战略 [J]．中国人口·资源与环境，2014，24（01）：14-20.

⑦ 王玲玲，张艳国．"绿色发展"内涵探微 [J]．社会主义研究，2012（05）：143-146.

化发展等既相互独立又相互依存、相互作用的诸多子系统。① 因此，从内涵上看，绿色发展是对过去旧有的发展方式上的理念创新，是尊重自然规律、适应具体环境容量和相关自然资源承载力条件下，兼容生态文明和可持续发展观的新型发展模式，突出体现生态性、发展性、可持续性等特点。从性质上看，绿色发展既是理念，也是方式。②

（二）习近平绿色发展观思想的理论内涵

在我国，有关"绿色发展"的官方概念最早出自于《国民经济和社会发展第十个五年计划纲要》中提出的"绿色食品基地"建设和"推行绿色消费方式"。"绿色发展"概念的提出，不仅是积极响应 20 世纪 80 年代后期由联合国环境署提出的可持续发展战略的重大举措，而且也为中国在 21 世纪提出"生态文明"和"绿色发展"的新理念，进而将可持续发展战略落到实处奠定了坚实的理论基础③。

党的十八大以来，习近平总书记直面国际国内对我国生态文明建设的新要求，从传统发展模式向绿色发展模式转变的角度就生态文明建设提出了一系列重要论断。

2005 年，在浙江安吉余村，习近平首次明确提出了"绿水青山就是金山银山"的理论。2013 年 9 月 7 日，习近平总书记在哈萨克斯坦纳扎尔巴耶夫大学发表演讲并回答学生们提出的问题，在谈到环境保护问题时他指出："我们既要绿水青山，也要金山银山。宁要绿水青山，不要金山银山，而且绿水青山就是金山银山。"2014 年 3 月，习近平总书记在参加贵州代表团审议时指出："绿水青山和金山银山决不是对立的，关键在人，关键在思路。""两山论"理念从提出逐渐走向成熟，也形象深刻地通过深入阐述"绿水青山"与"金山银山"的辩证统一来说明社会、经济发展与生态文明之间的内在关系，强调了"保护生态环境就是保护生产力、改善生态环境就是发展生产力"

---

① 赵建军，杨发庭. 推进中国绿色发展的必要性及路径 [J]. 城市，2011（11）：24-27. 王玲玲，张艳国. "绿色发展"内涵探微 [J]. 社会主义研究，2012（05）：143-146.

② 苗大鹏. 绿色发展的时代意涵.（2022-01-27）[2022-04-16].https://baijiahao.baidu.com/s?id=1723071623439663012&wfr=spider&for=pc.

③ 邬晓霞，张双悦. "绿色发展"理念的形成及未来走势 [J]. 经济问题，2017（02）：30-34.

的绿色生产力理念。[①]

2013 年，习近平总书记在海南考察时指出："良好生态环境是最公平的公共产品，是最普惠的民生福祉。"阐明了生态环境在改善民生中的重要地位。2013 年 5 月 24 日，习近平在中共中央政治局第六次集体学习时指出："生态兴则文明兴，生态衰则文明衰。生态环境保护是功在当代、利在千秋的事业。要清醒认识保护生态环境、治理环境污染的紧迫性和艰巨性，清醒认识加强生态文明建设的重要性和必要性，以对人民群众、对子孙后代高度负责的态度和责任，真正下决心把环境污染治理好、把生态环境建设好，努力走向社会主义生态文明新时代，为人民创造良好生产生活环境。"2015 年 3 月 6 日，习近平总书记在参加江西代表团审议时强调："环境就是民生，青山就是美丽，蓝天也是幸福。要着力推动生态环境保护，像保护眼睛一样保护生态环境，像对待生命一样对待生态环境。"2016 年 8 月 19 日，在全国卫生与健康大会上，习近平总书记谈道："绿水青山不仅是金山银山，也是人民群众健康的重要保障。"再次重申了公平享受良好生态环境是民生的重要内容的绿色民生理念。2017 年 10 月 18 日，习近平总书记在党的十九大报告中强调："建设生态文明是中华民族永续发展的千年大计。"这些论述科学地回答了生态与人类文明之间的关系，揭示了生态决定文明兴衰的客观规律，丰富和发展了马克思主义生态观。

综上可知，习近平绿色发展观思想中对生产力理念、绿色民生理念、发展与文明的关系的阐述，是对马克思主义生态观的回归和发展、对中国特色社会主义理论体系的丰富，具有鲜明的破解当代中国发展难题的性质，有利于形成人与自然和谐发展的现代化建设新格局。[②]

二、绿色发展的重要意义

（一）绿色发展是实现经济可持续发展的必由之路

传统的经济发展模式主要依靠资源环境的投入来实现经济数量的扩张，

[①] 康沛竹，段蕾.论习近平的绿色发展观 [J].新疆师范大学学报（哲学社会科学版），2016，37（04）：18-23.

[②] 康沛竹，段蕾.论习近平的绿色发展观 [J].新疆师范大学学报（哲学社会科学版），2016，37（04）：18-23.

这种粗放型增长方式带来了资源的紧缺与环境的脆弱，成为制约全球各国经济社会可持续发展的重要因素。全球生态环境不足以支撑传统模式的经济社会发展，我们必须以新的视角审视我们的经济社会。2008年10月，联合国环境规划署为应对金融危机提出绿色经济和绿色新政倡议，强调"绿色化"是经济增长的动力，呼吁各国大力发展绿色经济，实现经济增长模式转型，以应对可持续发展面临的各种挑战。[①]2008年金融危机之后，美、欧、日等发达国家纷纷出台促进绿色发展战略，去拉动经济增长。巴西、印度等新兴市场国家也立足自身优势，将绿色发展作为转型升级的必由之路。

改革开放40多年来，我国生产力取得了迅猛发展，经济快速增长的背后付出了沉重的生态环境代价，越来越多的森林、草地、耕地遭到破坏，生物多样性锐减、水土流失严重、土地沙化速度加快、自然灾害频发。习近平总书记强调："要大力保护生态环境，实现跨越发展和生态环境协同共进。"

因此，改变传统的发展模式，走不依靠大量消耗非可再生自然资源、不以环境生态破坏为代价的绿色发展之路，实现经济、社会发展与自然的协调，是实现经济可持续发展、人与自然和谐的必由之路。

（二）绿色发展事关人民福祉民族未来

坚持人与自然和谐共生，是马克思主义关于人与自然是生命共同体生态哲学理念的实践要求，也是体现我们党执政为民的理念、满足人民对于美好生活的向往与追求的必然要求。党的十八大以来，习近平总书记反复强调生态环境保护和生态文明建设，就是因为生态环境是人类生存最为基础的条件。习近平总书记在讲话中指出，"我们要心系民众对美好生活的向往，实现保护环境、发展经济、创造就业、消除贫困等多面共赢，增强各国人民的获得感、幸福感、安全感。"因此，以人民为中心的发展理念在生态文明建设中得到了切实体现，绿色发展方式和生活方式逐步形成。"绿水青山就是金山银山"理念日益深入人心，生态优先、绿色低碳逐渐成为普遍遵循的发展路径。[②]绿色发展就是最广大人民根本利益的重要组成部分。

---

① 张梅.绿色发展：全球态势与中国的出路 [J].国际问题研究，2013（5）：93–102.

② 王灵桂.生态文明与民生福祉、民族未来、地球家园 [EB/OL].（2022–03–09）[2022–04–15].https：//llw.yunnan.cn/system/2022/03/04/031952778.shtml.

三、绿色发展评价

绿色发展是兼顾发展质量和发展效率的又好又快的发展，是对资源高效利用、对环境全面保护的发展。[①] 随着人们对绿色发展研究的深入，绿色发展评价成为了其重要的研究内容之一。研究视角不仅聚焦产业绿色发展效率，如工业绿色发展、农业绿色发展，区域产业绿色发展等，也关注区域绿色发展水平的差异，如城市群绿色发展、城市绿色发展、乡村绿色发展水平测度等。研究方法上，对于绿色发展的评价主要围绕3条路径展开：绿色国民经济核算、绿色发展多指标测度体系和绿色发展综合指数。[②]

第二节　云南省绿色发展评价

一、绿色发展指数评价体系

绿色发展是世界潮流，是保护环境与经济增长协调的可持续发展战略。人类社会发展的很长一段时期，人们总以为地球是可以无限索取的，《增长的极限》报告的问世揭穿了这个误会。经济与社会的可持续发展并不是一件容易的事，需要有一套完善的法规和制度来保证，绿色发展指数正是在这样的时代背景下产生的。

2015 年 9 月 27 日，习近平总书记出席联合国气候变化问题领导人工作午餐会时指出："地球，在浩瀚宇宙中，比沧海一粟更渺小；但对她养育的所有生命来说，却比稀世明珠更珍贵。中国愿发挥建设性作用。"地球只有一个，保护地球家园，为人类文明的永续发展，中国政府做出了具时代意义的承诺，这集中体现在《中国落实 2030 年可持续发展议程国别方案》中。此方案周密地安排了落实联合国 17 个可持续发展目标和 169 个具体目标的详尽措施。如在可持续经济增长指标方面，不仅包括工业、农牧渔业、现代

---

① 李琳，楚紫穗. 我国区域产业绿色发展指数评价及动态比较 [J]. 经济问题探索，2015（01）：68–75.

② 郑红霞，王毅，黄宝荣. 绿色发展评价指标体系研究综述 [J]. 工业技术经济，2013，33（02）：142–152.

能源，而且包括了消费和生产模式，包括了城市。在环境与生态可持续发展指标方面，包括了应对气候变化、陆地生态系统、海洋、野生动植物、防止空气土壤与水的污染等重要内容，且均规划有相应指标与完成期限。

2017年，中国官方首次发布一国各地区的绿色发展指数，这在中国是首次，在全世界各国也是领先的。[①] 近几年，国际组织和学术单位等对绿色发展的相关研究很多，仅指数测评，侧重点也各有特色，或侧重经济增长，或侧重生态环境，或侧重资源能源消耗，或侧重生活质量等。国际上，仅有英国、加拿大政府相关部门或官方网站发布了可持续发展指标，但这是以国家为对象而缺少国内各区域的测评与比较。中国绿色发展指标体系的特点是：既强调把绿色与发展结合起来的内涵，强调了资源、生态、环境、生产与生活等多方面，更突出了各地区的绿色发展的测评与比较。显然，中国官方首次发布绿色发展指数，促进中国生态文明建设，这不仅有利于提高中国人民福祉，而且有利于构建可持续发展的"地球村"，推动建设人类命运共同体。

（一）国家绿色发展指标体系

生态文明建设，关乎民生福祉，关乎长远发展。党的十八大作出了把生态文明建设纳入中国特色社会主义事业"五位一体"总体布局的战略决策。早在2015年，中共中央、国务院先后印发《关于加快推进生态文明建设的意见》和《生态文明体制改革总体方案》，确立了我国生态文明建设的总体目标和生态文明体制改革总体实施方案，明确提出，要健全政绩考核制度，建立体现生态文明建设要求的目标体系、考核办法、奖惩机制，把资源消耗、环境损害、生态效益等指标纳入经济社会发展评价体系。2016年，中共中央办公厅、国务院办公厅印发《生态文明建设目标评价考核办法》，国家发展改革委、国家统计局、环境保护部、中央组织部印发《生态文明建设考核目标体系》和《绿色发展指标体系》，形成了"一个办法，两个体系"，建立了国家层面生态文明建设目标评价考核的制度规范。

《中共中央国务院关于加快推进生态文明建设的意见》提出的主要监测评价指标和《国民经济和社会发展第十三个五年规划纲要》确定的资源环境

---

① 李晓西. 官方首次发布绿色发展指数意义重大 [EB/OL].（2017-12-26）[2022-03-18]. https：//baijiahao.baidu.com/s?id=1587845097169241270&wfr=spider&for=pc

约束性指标，共有 38 个进入了绿色发展指标体系中。这些指标的提出，综合考虑了公众对环境质量的期盼、环境指标可行可达、经济社会可承受等多方因素，以及我国人口高密度、产业高强度的客观情况。比如，城市空气优良天数和 PM2.5 浓度下降的指标、废气排放减少的指标、地表水质达标的指标、森林覆盖率的指标等，均有助于还中国一个天蓝气爽、地绿水清的自然环境；居民人均可支配收入、绿色产品市场占有率、城市建成区绿地率与农村自来水普及率、农村卫生厕所普及率等指标，使我们看到政府对城市绿色化与美丽乡村建设的重视；而单位 GDP 能源消耗和二氧化碳排放降低的要求，单位工业增加值用水量降低和农田灌溉水有效利用系数提高等要求，又体现为提供人民富裕幸福生活的基础——发展与生产的绿色化。绿色发展指标体系详见表 6-1。

表 6-1　　　　　　　　　　　绿色发展指标体系

一级指标	序号	二级指标	计量单位	指标类型	权数（%）	数据来源
一、资源利用（权数=29.3%）	1	能源消耗总量	万吨标准煤	◆	1.83	国家统计局、国家发展改革委
	2	单位 GDP 能源消耗降低	%	★	2.75	国家统计局、国家发展改革委
	3	单位 GDP 二氧化碳排放降低	%	★	2.75	国家统计局、国家发展改革委
	4	非石化能源占一次性能源消耗比重	%	★	2.75	国家统计局、国家发展改革委
	5	用水总量	亿立方米	◆	1.83	水利部
	6	万元 GDP 用水量下降	%	★	2.75	水利部、国家统计局
	7	单位工业增加值用水量降低率	%	◆	1.83	水利部、国家统计局
	8	农田灌溉水有效利用系数	—	◆	1.83	水利部
	9	耕地保有量	亿亩	★	2.75	国土资源部
	10	新增建设用地规模	万亩	★	2.75	国土资源部
	11	单位 GDP 建设用地面积降低率	%	◆	1.83	国土资源部、国家统计局
	12	资源产出率	万元/吨	◆	1.83	国家统计局、国家发展改革委
	13	一般工业固体废物综合利用率	%	△	0.92	环境保护部、工业和信息化部
	14	农作物秸秆综合利用率	%	△	0.92	农业部

续表

一级指标	序号	二级指标	计量单位	指标类型	权数（%）	数据来源
二、环境治理（权数=16.5%）	15	化学需氧量排放总量减少	%	★	2.75	环境保护部
	16	氨氮排放总量减少	%	★	2.75	环境保护部
	17	二氧化硫排放总量减少	%	★	2.75	环境保护部
	18	氮氧化物排放总量减少	%	★	2.75	环境保护部
	19	危险废物处置利用率	%	△	0.92	环境保护部
	20	生活垃圾无害化处理率	%	◆	1.83	住房城乡建设部
	21	污水集中处理率	%	◆	1.83	住房城乡建设部
	22	环境污染治理投资占 GDP 比重	%	△	0.92	住房城乡建设部、环境保护部、国家统计局
三、环境质量（权数=19.3%）	23	地级及以上城市空气质量优良天数比率	%	★	2.75	环境保护部
	24	细颗粒（PM2.5）未达标地级及以上城市浓度下降	%	★	2.75	环境保护部
	25	地表水达到或好于Ⅲ类水体比例	%	★	2.75	环境保护部、水利部
	26	地表水劣 V 类水体比例	%	★	2.75	环境保护部、水利部
	27	重要江河湖泊水功能区水质达标率	%	◆	1.83	水利部
	28	地级及以上城市集中式饮用水水源水质达到或优于Ⅲ类比例	%	◆	1.83	环境保护部、水利部
	29	近海海域水质优良（Ⅰ、Ⅱ类）比例	%	◆	1.83	国家海洋局、环境保护部
	30	受污染耕地安全利用率	%	△	0.92	农业部
	31	单位耕地面积化肥使用量	千克/公顷	△	0.92	国家统计局
	32	单位耕地面积农药使用量	千克/公顷	△	0.92	国家统计局
四、生态保护（权数=16.5%）	33	森林覆盖率	%	★	2.75	国家林业局
	34	森林蓄积量	亿立方米	★	2.75	国家林业局
	35	草原综合植被覆盖率	%	◆	1.83	农业部
	36	自然岸线保有率	%	◆	1.83	国家海洋局
	37	湿地保护率	%	◆	1.83	国家林业局、国家海洋局
	38	陆域自然保护区面积	万公顷	△	0.92	环境保护部、国家林业局

续表

一级指标	序号	二级指标	计量单位	指标类型	权数（%）	数据来源
四、生态保护（权数=16.5%）	39	海洋保护区面积	万公顷	△	0.92	国家海洋局
	40	新增水体流失治理面积	万公顷	△	0.92	水利部
	41	可治理沙化土地治理率	%	◆	1.83	国家林业局
	42	新增矿山恢复治理面积	公顷	△	0.92	国土资源部
五、增长质量（权数=9.2%）	43	人均 GDP 增长率	%	◆	1.83	国家统计局
	44	居民人均可支配收入	元／人	◆	1.83	国家统计局
	45	第三产业增加值占 GDP 比重	%	◆	1.83	国家统计局
	46	战略性新兴产业增加值占 GDP 比重	%	◆	1.83	国家统计局
	47	研究与试验发展经费支出占 GDP 比重	%	◆	1.83	国家统计局
六、绿色生活（权数=9.2%）	48	公共机构人均能耗降低率	%	△	0.92	国管局
	49	绿色产品市场占有率（高效节能产品市场占有率）	%	△	0.92	国家发展改革委、工业和信息化部、质检总局
	50	新能源汽车保有量增长率	%	◆	1.83	公安部
	51	绿色出行（城镇每万人口公共交通客运量）	万人次／万人	△	0.92	交通运输部、国家统计局
	52	城镇绿色建筑占新建建筑比重	%	△	0.92	住房城乡建设部
	53	城市建成区绿地率	%	△	0.92	住房城乡建设部
	54	农村自来水普及率	%	◆	1.83	水利部
	55	农村卫生厕所普及率	%	△	0.92	国家卫生计生委
七、公众满意程度	56	公众对生态环境质量满意程度	%	—	—	国家统计局

（二）云南省绿色发展指标体系

云南省高度重视生态文明建设，牢固树立尊重自然、顺应自然、保护自然的生态文明理念，坚定不移走绿色发展之路。2015 年 1 月 19 日至 21 日，习近平总书记视察云南时强调指出，云南要主动服务和融入国家发展战略，闯出一条跨越式发展路子来，努力成为我国民族团结进步示范区、生态文明建设排头兵、面向南亚东南亚辐射中心，谱写好中国梦的云南篇章。云南省先后出台了《中共云南省委云南省人民政府关于争当全国生态文明建设排头兵的决定》《云南省全面深化生态文明体制改革总体实施方案》《中共云南省委云南省人民政府关于努力成为生态文明建设排头兵的实施意见》等一系列重要文件，启动了《云南省生态文明排头兵建设规划（2016—2020年）》编制工作。2017年，印发《云南省生态文明建设目标评价考核实施办法》和《云南省绿色发展指标体系和云南省生态文明建设考核目标体系》（即云南省"一个办法，两个体系"），标志着云南省该项评价考核制度规范正式建立。

依据"一个办法、两个体系"，云南省开展了州市生态文明建设年度评价工作，是贯彻习近平新时代中国特色社会主义思想和党的十九大精神的重要举措，是落实党中央、国务院及省委、省政府推进生态文明建设一系列决策部署的具体行动，对于完善云南省经济社会发展评价体系，引导各地、各部门深入贯彻新发展理念，树立正确发展观、政绩观，具有重要的导向作用；年度评价工作重在引导各市牢固树立生态文明意识，自觉践行绿色发展理念，是督促和引导各地推进生态文明建设的"指示器"和"风向标"，对于推动实现全省生态文明建设目标具有重要意义。

二、绩效评价关键指标解读

《云南省绿色发展指标体系》中绿色发展指数包括资源利用、环境治理、环境质量、生态保护、增长质量和绿色生活6个方面，共52项评价指标。其中，资源利用指数所占权重为29.3%，反映一个地区能源、水资源、建设用地的总量与强度双控要求和资源利用效率；环境治理指数所占权重为16.5%，反映一个地区主要污染物、危险废物、生活垃圾和污水的治理以及污染治理投资等情况；环境质量所占权重为19.3%，主要反映一个地区大气、水、土壤的环境质量状况；生态保护指数所占权重为16.5%，反映一个地区森林、草原、湿地、自然保护区、水土流失、土地沙化和矿山恢复等生态系统的保护与治理；增长质量指数所占权重为9.2%，反映一个地区宏观经济的增速、效率、效益、结构和动力；绿色生活指数所占权重为9.2%，反映一个地区绿色生活方式的转变以及生活环境的改善。

三、区域绿色发展绩效评价

（一）评价流程和数据来源

为做好年度评价工作，根据国家计算方法统一的要求，云南省遵照国家统计局制定的《绿色发展指数计算方法（试行）》，来计算本省 16 个州市的绿色发展指数。即把 52 个绿色发展指标转换为绿色发展统计指标，对绿色发展统计指标值采用"功效系数法"进行标准化处理，计算个体指数；对个体指数进行加权，计算得到 6 个分类指数；再对 6 个分类指数进行加权，计算绿色发展指数。指数值越大，表示生态文明建设年度评价结果越好。

这个计算方法主要着眼于三个方面：一是满足生态文明建设目标考核工作需要。根据考核工作对年度评价结果得分的要求，计算方法需要对 16 个州市绿色发展状况作出评价排序，保证同一评价年度各市绿色发展指数横向可比。二是符合《云南省绿色发展指标体系》有关要求。计算方法在数据的收集、审核、确认，数据缺失指标的处理，标准化处理，指数计算等方面均严格按照《绿色发展指数计算方法（试行）》的要求执行。三是确保绿色发展评价客观科学公平。评价采用公认并广泛应用的功效系数法作为绿色发展指数的标准化方法，确保了评价方法的科学性、客观性和可操作性。各州市均按照统一的方法进行评价，同一年度各州市的指数值可比较，确保评价结果的公平公正性。

生态文明建设年度评价采用有关部门组织开展专项考核认定的数据、相关统计和监测数据。《云南省绿色发展指标体系》规定，绿色发展指数所需数据来自省直相关部门的年度统计。为做好基础数据收集和报送工作，云南省统计局制定了《云南省绿色发展统计报表制度（试行）》，明确统计口径，统一规范要求。年度评价基础数据分别由省发展改革委、省工信委、省公安厅、省国土资源厅、省环保厅、省住建厅、省交通运输厅、省农业厅、省水利厅、省林业厅、省卫计委、省统计局、省政府机关事务管理局和国家统计局云南调查总队等 14 个部门提供，各部门根据职责分工，按照"谁提供、谁核准、谁负责"的原则，通过正式公函向省统计局提供数据，确保年度评价数据准确无误。评价过程从数据的收集、审核、确认，计算程序到评价结果的全流程，均可核查、可追溯、可解释。

（二）评价结果及特点

2016年各州市绿色发展指数按从高到低排序为：昆明、西双版纳、德宏、临沧、怒江、迪庆、楚雄、保山、文山、普洱、昭通、玉溪、红河、丽江、大理、曲靖。

从6个分类指数结果看，"资源利用"得分列前三位的是昆明、临沧、昭通；"环境治理"得分列前三位的是昆明、文山、红河；"环境质量"得分列前三位的是怒江、迪庆、文山；"生态保护"得分列前三位的是怒江、迪庆、西双版纳；"增长质量"得分列前三位的是昆明、楚雄、文山；"绿色生活"得分列前三位的是昆明、德宏、西双版纳。

2016年云南省各州（市）生态文明建设年度评价结果详见表6-2。

表6-2　　　　2016年云南省各州（市）生态文明建设年度评价结果

地区	绿色发展指数	分类指数					
		资源利用指数	环境治理指数	环境质量指数	生态保护指数	增长质量指数	绿色生活指数
昆明	83.63	83.81	93.61	80.71	73.48	93.47	79.91
曲靖	76.27	72.8	76.56	92.79	66.83	72.57	73.1
玉溪	77.89	78.76	77.54	83.47	76.62	68.66	75.81
保山	79.04	73.15	82.47	93.56	74.88	72.14	75.87
昭通	78.35	81.57	78.62	88.64	73.42	64.24	69.16
丽江	76.78	72.05	79.7	89.71	75.33	67.32	71.89
普洱	78.77	74.56	79.47	94.58	77	69.47	70.56
临沧	80.22	82.62	74.67	94.74	72.11	72.49	74.63
楚雄	79.06	79.77	78.23	86.95	73.18	77.52	74.11
红河	76.81	77.3	85.09	75.25	72.93	73.91	73.3
文山	78.96	75.8	85.22	95.02	65.99	75.81	70.84
西双版纳	82.04	81.09	77.6	91.28	84.18	74.25	77.85
大理	76.59	73.71	82.52	79.26	77.4	70.66	74.26
德宏	81.06	79.98	78.55	88.88	82.25	73.58	78.22
怒江	79.73	73.76	67.14	96.06	91.43	73.34	72.89
迪庆	79.48	70.56	77.69	95.49	84.9	74.15	73.45

从绿色发展评价中反映了当前云南各州市在推进生态文明建设进程中，虽有优势，但也存在短板：一方面，部分州市的自然资源禀赋好、清洁可再

生能源发展快、环境质量优势明显；另一方面，普遍存在生态文明建设总体水平不高，生态文明建设地区间差异较大，经济发展水平低、增长质量不高、环境治理投入不足、绿色生活方式及农村生活环境改善呈现出明显短板。

（三）评价结果运用

根据"一个办法，两个体系"，生态文明建设目标评价考核工作采取评价和考核相结合的方式，年度进行评价、五年开展考核。年度评价重在引导，五年考核重在约束。年度评价通过衡量云南各州市生态文明建设的年度进展总体情况，引导各州市加快推动绿色发展，落实生态文明建设相关工作，同时也为五年考核打下基础。五年考核主要考察各州市生态文明建设重点目标任务完成情况，强化各州市党委政府生态文明建设的主体责任，督促各州市自觉推进生态文明建设。

年度评价结果可以引导各州市有的放矢地落实生态文明建设相关工作。绿色发展指数是一项综合评价指标，从构成绿色发展指数的六个方面看，排名靠前的州市也有各自存在的"短板"，需要抓紧补齐；排名靠后的州市也有部分领先的指标，需要扬长补短。各州市可以通过绿色发展指数和 6 个分类指数的比较研究，分析本地在生态文明建设各个重点领域中取得的成绩和存在的问题，找出本地绿色发展切实需要改变或者有待改善的着力点。对于具有优势的领域巩固和保持，对于需要改进和提高的领域深入总结、分析研究，提出有针对性的解决措施并加以落实，从而补齐绿色发展短板，从资源、环境、生态、增长质量、生活方式等全方位共同发力，实现全面协调可持续发展。

生态文明建设是一项长期而艰巨的系统工程，今后将是长期开展的一项常规工作，应当从发展的角度来看待。根据《办法》要求，年度评价采用相同的标准来客观衡量各地区生态文明建设的进展和成效。我们应当把重点放到关注年度评价所反映的进展和揭示的不足，下更大力气推动生态文明建设，针对存在的问题不断改进工作，多措并举持续发力，促进生态文明建设的各个领域共同进步，向实现绿色发展不断迈进，让彩云之南天更蓝、山更绿、水更清、环境更优美。

第七章　云南省绿色发展的路径与展望

第一节　云南省实施绿色发展的对策

当前，云南正处在实现跨越式发展的关键节点，如何找准方向和定位，走一条绿色可持续的发展道路，是云南当下及未来面临的重要问题。推动云南在长江经济带建设中实现绿色发展，生态优先是前提，绿色产业是根本动力，经济结构优化和效益提升是基础保障，提升绿色治理能力是关键举措。[①]因此，云南省必须立足省情，全面贯彻落实习近平新时代中国特色社会主义思想，建设生态文明，实施绿色发展战略，大力推进经济发展方式的转型，打好节能减排攻坚战。

当前和今后一段时期将是云南省生态环境保护和绿色发展负重前行的关键时期。前期工作虽然取得了一定的成效，但生态环境和绿色发展状况与全国生态文明建设排头兵的要求和社会公众的期待相比还有很大差距。总体来看，云南全省经济发展与环境保护的矛盾依然突出。目前，云南省处于工业化中期到中后期的发展阶段，随着经济总量的不断增长，主要污染物排放量仍将继续攀升，生态环境保护和绿色发展仍然面临着巨大的挑战。

作为全国欠发达地区，发展任务重，从传统产业转型升级短时期难以完成，转变经济增长方式任重道远，并且面临着东中部产业转移的压力，产业转型升级进程缓慢，环境保护仍面临较大压力。"长江经济带生态环境警示片曝光批评了云南一些典型突出的问题，触目惊心，令人惊醒。"[②]截至

---

① 吴学榕，程铖. 长江经济带建设中云南实现绿色发展的路径研究 [J]. 经济问题探索，2020（12）：96–102.

② 云南：全面推动云南省生态优先绿色发展 [J]. 中国产经，2022（07）：89–90.

2022 年 2 月，九大高原湖泊中仍有 1 个水质为劣 Ⅴ 类。部分城市区域及工业聚集区环境空气质量不容乐观，工业发展、城市面源、机动车尾气等都对区域环境空气质量改善产生较大压力。局部区域土壤重金属污染严重，农业农村污染问题突出。由于环境保护和治理效益的不稳定以及发展压力，部分环境质量有好转或者优良的区域，环境质量改善可能出现反复。与此同时，环境治理任务艰巨与经济增长放缓造成治理主体主动性和承受力下降的矛盾，环境改善窗口期与社会公众渴望短期有较大改观的心理预期的矛盾，也给云南省环保工作带来压力。环境风险和生态安全防线面临考验。环境风险防范任务艰巨，风险类型和成因趋向多样化和复杂化，风险发生的不确定性增加，风险防范的难度加大。自然生态系统人工化较为严重，矿产资源开发的生态破坏不容忽视，局部生态恶化问题依然严峻，生物多样性保护等生态系统服务功能总体有下降趋势，生态安全屏障构建面临挑战。生态环境治理体系亟待完善。治理体系和治理能力现代化步伐尚不能满足新情况和新任务的要求，政府、企业和社会依法共治合作的格局尚未建立。地方生态环境法规制度的系统性不足，环境经济政策的激励引导作用未得到充分利用。山、水、林、田、湖缺乏统筹的保护机制和有效的协调机制。推进建立独立的监测评估和执法监管体制还存在实际困难需要逐一破解，监督地方政府依法实现生态环境保护尽职履责面临体制障碍。环境监测、监察、科技领域装备和技术手段比较落后，人员结构和队伍建设还有短板。十八大将生态文明建设提升到国家战略的高度，习近平总书记在云南省视察期间对云南成为全国生态文明建设排头兵提出殷切希望。目前是云南省环境保护事业大有可为的战略机遇期。

2021 年 3 月，十三届全国人大四次会议表决通过了"十四五"规划，在全面推动长江经济带发展的区域重大战略的推动下，云南省的绿色发展将迎来新的机遇。坚持生态优先、绿色发展和共抓大保护、不搞大开发，协同推动生态环境保护和经济发展，打造人与自然和谐共生的美丽中国样板，是全面推动长江经济带发展的核心目标。"十四五"期间，云南省将继续全力实施生态文明建设行动，抓住环保事业发展的重大历史机遇，狠抓落实，更加有力地推进生态环境保护工作。云南省也是我国早期 16 个进行生态省建设的省份，云南省积极开展省级和国家级生态文明示范区创建，工作成效显著。[①]经过"十三五"期间的努力，环保工作已经形成了一系列有利条件：全省的社会经济发展方向正在由加快速度向着提高质量和效益转变，产业结构将进一步优化，"两高一资"产业规模将下降，污染物新增排放量逐渐趋缓。已建成的城乡"两污"处理设施，随着管网配套的完善和管理经验的积累，将逐步发挥更大的治污效益。全省全面深化生态文明体制改革，全面强化环境执法，向污染宣战的行动，以及绿色发展技术的逐步普及应用所带来的政策红利、法治红利和技术红利将充分释放。公众生态环境意识日益增强，全社会保护生态环境的合力正在逐步形成。"十四五"期间，机遇大于挑战，动力超过压力，环保工作要贯彻落实新的理念和战略，妥善应对新的挑战和困难，全面谋划、整体推进、聚焦主业、打牢基础，集中力量实现生态环境质量保持优良并持续改善，争取环境保护事业的更大发展。

绿色发展是云南省经济社会发展贴合国家绿色发展战略的重大战略部署。为了"在建设我国生态文明建设排头兵上不断取得新进展"，2020年5月，云南省第十三届人大四次会议审议通过了《云南省创建生态文明建设排头兵促进条例》，为云南省生态文明建设提供了系统的法律保障。"十四五"时期是我国制造强国建设的关键时期，工业绿色发展将迎来新机遇。在国家发展战略布局下，着眼于生态文明建设，云南省适时发布了《云南省"十四五"工业绿色发展规划》，全力打造高端绿色产业基地、绿色制造强省、国家新旧动能转换先行区、有国际影响力的生态绿色产业新高地，加快形成绿色低碳的产业结构、生产方式和推进机制，让绿色成为云南工业发展的鲜明底色。在云南绘就发展的七彩新画卷中，生态环境保护和绿色发展将成为其最亮眼的特色。

一、树立绿色意识，推进绿色发展战略

"意识先行，行为随后"。要深入实现绿色发展，就必须牢固树立绿色意识。所谓"绿色"有两方面的含意：一是表征和平，意味着人与人的和谐、

---

① 刘艳. 云南省深入推进生态文明创建的路径研究 [J]. 智能城市，2021，7（19）：36-37.

人与自然的和谐；二是表征洁净，意味着人类期望居住在无污染的蓝天白云、山清水秀的美好环境中。当一些国家和地区饱受"有河皆枯、有水皆污""极度缺水""地面沉降"等环境问题困扰时人们更加深刻地认识到，云南山绿水碧的绿色环境和自然禀赋就是参与激烈市场竞争的后发优势。① 在人类文明演进的历史过程中，逐渐形成了敬重自然、重视同生态环境协调的绿色意识；绿色意识最初以不同形式存在于世界各民族的思想智慧之中，具有朴素性、自发性等特点；经过工业文明时代的反省，自 20 世纪下半叶以来，绿色意识已成为具有世界性的人类精神文明范畴。② 树立绿色生态意识，在思想观念上，要引导人们关注和思考生态环境问题，深入地探索问题的解决途径，在绿色理念的指引下开展各方面的绿色实践，从而强化人们保护生态环境的意识，形成绿色生活方式和发展方式；在价值观念上，要超越人类中心主义的伦理立场，把追求社会的公共利益、整体利益和长远利益作为个人行为、社会活动、公共决策的最终衡量标准，在传统的思维中添加新的绿色生态视角，把生态伦理的思想、理念和价值导向贯彻到整个国家、社会、个人的思想理念和实践行动中去；在社会服务上，要推广绿色服务，不仅要从理念、价值层面，更要在社会存在的实践层面提供绿色产品和服务，使人们切实受益，不断满足社会成员对于优美生态环境的需求，从而激发他们主动地、自觉地认识自然价值，形成践行生态理念、崇尚绿色价值的社会风尚；在权利上，要培育社会成员的绿色权利意识，保障公民的绿色权利，公平地保障其生存和发展权，满足公民对美好生活环境的需求。③ 应当认识到，环境污染和环境不正义的现象仍然存在，仍然需要加强绿色意识的宣传和普及，真正地把生态环境保护的理念牢固树立在全民心中，让绿色意识成为一种全民共识，在社会生活的各个领域都积极倡导、践行生态环境保护的理念。

推进绿色发展需要形成绿色发展战略，绿色发展战略是具有系统性、综

① 张佐.实施绿色发展战略建设云南生态文明 [J].西南林学院学报，2008（04）：68-74.

② 王金红.绿色意识与 21 世纪社会主义精神文明 [J].科学社会主义，2001（01）：24-27.

③ 杨文爱.论责任伦理视阈下绿色生态意识培育 [J].南京师大学报（社会科学版），2019（04）：142-148.

合性、关联性、复杂性的发展战略，需要合理的战略规划作为指导、可靠的金融机制作为手段、持续的财税政策作为支撑；绿色发展的战略规划重在引导经济主体转变发展思路，摒弃唯 GDP 的发展惯性，将绿色发展理念贯彻到各领域、各方面、各环节。① 绿色发展战略是一个综合的发展战略，包括绿色规划、绿色金融和绿色财政。其中，绿色规划是绿色发展的战略指引，绿色金融和绿色财政是绿色发展的政策工具。② 作为边陲省份的云南，如何在现有基础上开展绿色发展，根据省情特点制定相应的绿色发展战略对策至关重要。云南省"十四五"规划对绿色发展的定位为，广泛形成绿色生产生活方式，生态保护、环境质量、资源利用等走在全国前列，全面建成我国生态文明建设排头兵。为了推进云南省的绿色发展迈上更高的台阶，云南省出台了许多政策和发展规划，制定了一系列实施意见，例如，中共云南省委办公厅、云南省人民政府办公厅印发的《关于推动城乡建设绿色发展的实施意见》《云南省贯彻绿色生活创建行动实施方案》《云南省工业绿色发展"十四五"规划》《云南省加快建立健全绿色低碳循环发展经济体系行动计划》。这些发展规划和实施意见的出台，不仅在战略层面为云南省的绿色发展指明了方向，也为绿色发展的实施提出了具体方案和措施。但在实施绿色发展战略时仍需强化不同方案的总体性以及各自之间的衔接性，并同步解决好配套政策、法规、制度、机制的落实问题。除了有关绿色发展的规划以外，云南省在"十四五"规划中还列出了"十四五"期间生态文明建设的重点工程：森林云南建设工程、草原保护修复工程、湿地保护建设工程、生物多样性保护重大工程、九大高原湖泊流域生态保护与修复工程、重点节能工程、资源循环利用工程、生态移民和避险搬迁工程、生态文明创建工程。从战略层面看，绿色发展规划要与生态环境保护工程统筹推进，形成"以保护促发展以发展促保护"的局面。

---

① 张蕴，刘方荣.着力形成绿色发展的能力和战略[EB/OL].（2018-03-09）[2022-03-10]. https：//baijiahao.baidu.com/s?id=1594414850002377592&wfr=spider&for=pc.
② 胡鞍钢，周绍杰.绿色发展：功能界定、机制分析与发展战略[J].中国人口·资源与环境，2014，24（01）：14-20.

二、推广绿色制造，构建特色绿色产业体系

要实现绿色发展，就必须彻底摒弃只追求经济效益，忽视生态环境保护的发展观念，树立"绿水青山就是金山银山"的发展理念。生态环境保护的成效如何，归根结底取决于经济结构和经济发展方式。[①]2021 年 10 月 12 日，习近平在《生物多样性公约》第十五次缔约方大会领导人峰会视频讲话中提出："绿水青山就是金山银山。良好生态环境既是自然财富，也是经济财富，关系经济社会发展潜力和后劲。我们要加快形成绿色发展方式，促进经济发展和环境保护双赢，构建经济与环境协同共进的地球家园。"保护生态环境与实现经济发展并非对立关系，实现经济发展方式的转变，走绿色发展道路，才能在发展经济的同时，保护好人类赖以生存的环境。绿色发展以效率、和谐、持续为目标，以发展绿色经济、发展绿色新兴产业为导向。绿色发展从"社会—经济—生态环境"复合系统角度，从生态价值、资源、能源、环境、产业等多方面协调社会经济发展与生态环境保护的关系：第一，绿色发展要通过政府管理与市场机制并行的方式，在生态环境约束下优化产业结构，建立绿色产业体系，并通过技术进步减少资源消费和污染排放；第二，要基于生态环境保护工作催生的新市场，推动新产业、新动能的形成，从而推动生态环境治理从制约经济发展的"绊脚石"变成融入并促进社会经济发展的"垫脚石"；第三，绿色发展要以生态环境质量提升为目的，从制约性末端治理思路转变为源头管理和全产业链管理，通过生态环境约束实现全过程的绿色化发展。[②]

云南早在 20 世纪 90 年代就提出建设绿色经济强省，绿色资源是云南省的优势所在，如何发挥好绿色资源优势，是云南省在实现绿色发展转型过程中必须思考的问题。一方面，要充分利用云南省的绿色资源优势，对传统制造业进行绿色升级，实现从传统制造业到绿色制造业的转变；另一方面，要围绕着云南省的绿色能源优势优化产业结构，打造新型绿色产业群。2022 年

---

① 人民日报有的放矢：加快形成绿色发展方式和生活方式 .[EB/OL].（2020–03–26）[2022–03–17].

② 廖小平，邹巅，袁宝龙 . 推动我国绿色发展的模式及路径研究 [J]. 湖南师范大学社会科学学报，2020，49（01）：14–23.

1月，云南省人民政府印发了《云南省加快建立健全绿色低碳循环发展经济体系行动计划》，指出到 2025 年绿色低碳循环发展的生产体系、流通体系、消费体系初步形成，生产生活方式绿色转型成效明显，生态环境持续优良。《行动计划》为云南省的绿色经济发展指明了方向，其主要包括六个方面 22 项重点任务，其中全面构建特色绿色产业体系是其最为重要的任务。

与传统制造相比，绿色制造强调生产过程的绿色化和产品的绿色化，以及产品使用后的绿色化处理；绿色制造实现了生产全过程的绿色化，以节约能源、资源和减少对生态环境的影响为导向，在产品制造过程中实现废弃物的无害化处理，减少对资源、能源的浪费和废弃物的排放。云南省要充分发挥绿色能源优势，加大清洁能源的开发，实现制造业能源供应的绿色化；同时，完善全产业链管理，在生产过程中，通过绿色技术升级改造实现能源和资源利用的最大化，按照绿色设计的要求，减少废弃物的产生和排放，实现资源的可回收利用，对生产活动中产生的废弃物进行无害化处理，防止对生态环境的破坏和污染；最后，强化源头管理，通过绿色技术对产品进行改造升级，制造出能耗能低、环境友好的产品，最大程度减少产品在使用过程中消耗的能源和产生的废物，并促进产品在报废后的可循环性，提高资源的利用效率。

在产业结构方面，云南省要大力发展绿色产业，建立新型绿色产业，促进生产要素和资源向绿色产业流动。从狭义上讲，绿色产业是指提供有利于资源节约、环境友好、生态良好的产品和服务的企业集合体，是具有社会价值、生态价值和经济价值的高新技术产业。[①] 云南省在"十三五"期间，工业结构转变为烟草和能源两大支柱产业双驱动，绿色铝、绿色硅等先进制造业快速发展，绿色能源强省正在形成。云南省致力于打造世界一流"三张牌"："绿色能源牌""绿色食品牌""健康生活目的地牌"，这"三张牌"的共同特点都是以"绿色"为特色。云南省的绿色产业体系应当以此为主攻方向，进一步突出"三张牌"的发展优势，持续挖掘发展动力，围绕着"三张牌"形成特色的绿色产业体系。在绿色能源方面，要促进绿色能源与绿色制造业的深度融合，发展高附加值特色产品，打造绿色能源产业集群。在绿色食品方面，

---

① 林慧，马永欢. 美丽中国建设背景下的绿色产业发展研究 [J]. 环境保护，2018，46（10）：32-37.

塑造"高原特色"绿色有机农产品整体形象，深入推动绿色农业的发展，以绿色技术提高农业生产的资源利用率和污染物处理能力，合理规划农业生产，推广绿色种植和养殖。在健康生活目的地方面，发展生态旅游、保健康养等新业态，打造绿色生态旅游和绿色消费目的地，提升服务业绿色化水平。

三、倡导绿色消费，发展绿色消费模式

绿色消费是以节约资源和保护环境为特征的消费行为。1992 年的联合国环境与发展大会上通过的《21 世纪议程》中首次提出，"不适当的消费和生产模式所导致的环境恶化、贫困加剧和发展失衡是地球面临的一个严重问题，所有国家均应全力促进可持续的消费形态"[1]。1994 年联合国环境规划署《可持续消费的政策因素》报告中将可持续消费定义为："提供服务以及相关产品以满足人类的基本需求，提高生活质量，同时使自然资源和有毒材料的使用量减少，使服务或产品的生命周期中所产生的废物和污染物最少，从而不危及后代的需求"[2]。党的十八大以来，以习近平同志为核心的党中央高度重视绿色消费，习近平就曾在中共中央政治局集体学习时指出要"倡导推广绿色消费"。在党中央的领导下，政府亦颁布一系列涉及绿色消费的政策文件，如《关于促进绿色消费的指导意见》《关于完善促进消费机制进一步激发居民消费潜力的若干意见》等，从中提出不少关于绿色消费的新论述。

云南省在"十四五"规划中也提出："促进绿色消费，鼓励消费者购买和使用高效节能节水节材产品，推动生产者简化产品包装，避免过度包装造成资源浪费和环境污染。坚决制止餐饮浪费行为。"绿色消费是一个综合性的问题，涉及到经济、社会、自然和人的需要等多个方面，首先，绿色消费以满足人民日益增长的优美生态环境需要为价值追求。新时代的社会矛盾发生了转变，人民对清新的空气、清澈的水质、清洁环境等生态产品的需求越来越迫切，生态环境越来越宝贵。绿色消费追求用最优的方式满足人民的物质需要，尽最大可能节约节省资源和减少环境污染，体现了节约资源、保护

---

① 国家环境保护局 .21 世纪议程 [M]. 北京：中国环境科学出版社，1993.
② 联合国环境规划署 . 可持续消费的政策因素 [R]. 内罗毕：联合国环境规划署，1994.

生态环境的价值诉求[①]。其次，绿色消费是实现经济和生态双赢共生的重要路径。消费是我国经济发展的"稳定器"和"压舱石"，对经济增长的拉动作用显著，但经济发展成就的背后积累了大量的生态环境问题，环境承载能力已经接近上限，这种高消耗、粗放型的发展模式难以为继。绿色消费兼具发展经济和节约资源、保护环境的双重要求，促进绿色消费有利于实现需求引领和供给侧结构性改革相互促进，推动高质量发展，更好满足人民日益增长的美好生活需要[②]。最后，绿色消费体现了人与自然和谐相处的生态发展要求。绿色消费主要表现为崇尚勤俭节约，杜绝损失浪费，选择高效、环保的产品和服务，降低消费过程中的资源消耗和污染排放。绿色消费在价值选择上倾向于保护自然，不以牺牲自然来满足消费需要，体现了人与自然和谐共生的价值理念。

由此可见，绿色消费是人类发展模式中消费方式的一次历史性转变，为促进绿色低碳消费的健康持续发展。第一，要加强顶层设计，扩大绿色低碳产品的有效供给。将绿色低碳消费纳入国家和地方各级政府的国民经济和社会发展规划纲要，纳入"五位一体"总体布局；提出绿色低碳消费的指导思想、基本原则、目标指标等，规划绿色消费供给端的重点任务，包括绿色设计、工业清洁生产、工业循环经济、工业污染防治、能源清洁低碳化利用、农业绿色发展、服务业绿色发展、扩大绿色产品消费、绿色生活方式等内容[③]。第二，坚定文化价值，构建以生态价值观念为准则的消费文化。充分发挥形象正面的明星和社会名流在推动绿色生活方式中的示范引领作用，引导绿色消费成为社会时尚。将绿色消费理念融入家庭、学校、政府、企业等各类各级机构的相关教育培训中。加强宣传，把绿色消费倡议纳入全国节能宣传周、科普活动周、全国低碳日、环境日等主题宣传教育活动中。建立面向社会公众的绿色消费激励和惩戒制度，加强绿色消费信息披露和公众参与，倡导简

---

① 吉志鹏.新时代绿色消费价值诉求及生态文化导向[J].山东社会科学，2019，（06）：153-160.

② 罗铭杰，刘燕.新时代绿色消费理念的问题指向、内涵要义及价值意蕴[J].经济学家，2020，（07）：21-29.

③ 周宏春，史作廷.双碳导向下的绿色消费：内涵、传导机制和对策建议[J].中国科学院院刊，2022，37（02）：188-196.

约适度、绿色低碳的生产和生活方式，反对奢侈浪费和不合理消费，提高全社会的绿色消费意识[①]。第三，倡导科学引领，发挥信息技术优势，加大科学技术在绿色消费中的应用，促进绿色消费市场体系的构建。在生产方式上加大科学技术投入和应用，建立节能保护、绿色无污染的生产方式，并通过推动供给侧结构性改革，在产品供给上加大绿色产品的创新和供给，丰富可消费产品的种类，提高可消费产品的质量。通过大数据、信息技术、物联网、云平台等数字化技术手段助力消费行为绿色化，构建产品信息可追溯机制，加强产品生产、物流、品牌等信息的数字化建设。在消费过程中减少对一次性产品的使用，加强对自然生态环境的保护[②]。

四、深化绿色改革，强化绿色技术创新

改革是推动发展的强大力量，而科技创新则是发展的永续动力。因此，要实现经济发展方式的绿色转型，就必须实施绿色改革，强化绿色技术创新。绿色发展是一种新的社会发展方式，绿色转型是一项系统工程，涉及到社会发展的各个方面，要在传统的发展体系中实现绿色转型，就必须大力推行改革，为绿色发展创造条件。绿色改革，就是基于人类和自然互利共生而进行的社会运行机制、市场机制、生产方式、消费方式和生活方式等方面的变革，[③]具体包括"立"和"破"两个方面：一是建立一套保护生态环境的制度，也就是"立"；二是改革体制弊端，也就是"破"，破除那些妨碍发挥保护绿色生产力、发展生产力的各类体制弊端，如同做"减法"。[④]在组织领导和决策上，要建立健全工作机制，把党的全面领导贯穿绿色发展的各个方面和环节；同时，要建立科学的决策机制，明确绿色发展的目标和任务，制定符合实际的发展规划和路线图。在工作机制上，要做好政策衔接，强化绿色发

---

① 国合会"绿色转型与可持续社会治理专题政策研究"课题组，任勇."十四五"推动绿色消费和生活方式的政策研究[J].中国环境管理，2020，12（05）：5-10.

② 李桂花，高大勇.开启绿色消费新篇章——如何践行绿色消费理念[J].人民论坛,2018,（29）84-85.

③ 孔德新.绿色发展与生态文明——绿色视野中的可持续发展[M].合肥工业大学出版社，2007：74—75.

④ 胡鞍钢，郎晓娟.未来十年生态文明制度建设与绿色改革[C]//.国情报告第十六卷2013年.，2015：355-367.

展的制度化保障，完善跨部门的协作机制，建立健全法律法规，改进监督和考核评价机制。在保障机制方面，要强化制度和法规建设，进一步完善自然资源的登记和有偿使用制度、排污权交易制度、碳排放交易制度、生态保护补偿机制、绿色产品标识认证制度。在支撑体系方面，完善绿色金融体系，进一步细化绿色金融标准体系、绿色金融激励机制、绿色金融产品创新机制；健全社会公众满意度评价和第三方考评机制，让人民群众成为绿色发展成效的评价主体。

　　绿色技术是指减少环境污染，减少原材料、自然资源和能源消耗的方法、工艺和产品的总称。① 不管是绿色的生产、流通、消费体系，还是绿色的生活方法，其实现都有赖于技术创新。构建市场导向的绿色技术创新体系也是《云南省加快建立健全绿色低碳循环发展经济体系行动计划》的重点任务之一。绿色技术创新有助于提高资源利用效率、减轻环境风险、节约能源、降低污染率、带来环境荣誉、提高经济效益等，② 是实现绿色发展的重要支撑。云南省要实现跨越式发展，成为全国生态文明建设排头兵，就必须深耕绿色技术。为了进一步推进绿色科技进步与创新，全面提升云南绿色技术创新水平，云南省发展和改革委员会与云南省科学技术厅于2019年联合印发了《关于构建市场导向的绿色技术创新体系的实施意见》（以下简称《实施意见》），指出要发挥云南省绿色资源优势，强调市场的引领作用，引导企业在打造"三张牌"时加强绿色技术创新的深度，加大技术研发、成果转化、产业化应用的投入力度。根据该《实施意见》，云南省在完善科技创新机制的同时，要强化开放合作，促进协同创新，重点任务主要包括以下几个方面：①激发各类创新主体活力，强化企业在绿色技术创新中的主体地位；②加强对企业绿色技术创新的引导，推进"产学研金介"深度融合；③加强绿色技术创新基地平台建设，强化绿色技术创新人才培养和交流；④强化绿色技术标准引领，完善政府绿色采购制度和绿色技术创新认证；⑤优化绿色技术创新的市场环

---

① 葛晓梅,王京芳,薛斌.促进中小企业绿色技术创新的对策研究[J].科学学与科学技术管理,2005（12）：87-91.

② 孙勇,樊杰,孙中瑞,郭锐.黄河流域绿色技术创新时空格局及其影响因素分解[J].生态经济,2022,38（05）：60-67.

境，推动绿色技术创新成果转移转化的市场化。

第二节　云南省实施绿色发展的路径

长江经济带各省围绕绿色发展提出的实施途径主要包括：加快发展绿色产业、构建综合立体绿色交通走廊、推进绿色宜居城镇建设、实施园区循环发展引领行动、开展绿色发展示范、探索"两山"理念实现路径、建设国际黄金旅游带核心区、大力发展绿色金融、支持绿色交易平台发展、倡导绿色生活方式和消费模式，等等。各地区坚持"生态优先、绿色发展"总基调，重点谋划纳入一批具有绿色发展特色的重大事项和重大项目，对不能体现绿色发展主题的一般性项目不予纳入。在重大项目的选择上，坚持"五度"标准，即科技高度、投资强度、绿色程度、产业链长度、项目深度，以增强产业和区域竞争力；同时，在规划指导和完善节能减排统计的基础上建立绿色国民经济核算指标体系，以利于今后规划目标实现的核查和各级领导干部"绿色"政绩的考核。在这一背景下，云南省应当立足省情，找准定位，充分利用自身特色和优势实施绿色发展。

一、落实绿色产业规划，大力发展绿色产业

云南省绿色经济与西部其他地区同样面临着生态、脱贫和竞争三大压力，这就要求云南在经济发展中依靠科技进步和技术创新，坚定走绿色经济的道路，即产业在发展中不仅追求经济效益，还要追求生态和谐和社会公平，最终实现全面发展。

《云南省产业发展规划（2010—2025）》提出以绿色发展为主线：坚持生态优先、绿色发展，坚守生态红线，坚决杜绝污染环境、影响生态的产业发展，重点发展绿色产业，实现产业发展与生态建设的有机统一、相互促进、和谐共赢。到 2025 年绿色发展进一步协调。碳排放总量和强度下降，争取成为国家率先达到碳排放峰值的典型示范省份。单位 GDP 能耗下降，非石化能源占一次性能源消费比重全面完成国家下达目标，主要污染物排放总量减少控制在国家下达指标内。

（一）云南省绿色产业

从目前来看，云南省鼓励发展的绿色产业主要有：生物医药和大健康产业、绿色旅游文化产业、特色现代生态农业、清洁能源产业、节能环保产业和信息产业。

1. 生物医药和大健康产业

以新药创制和资源二次开发为重点，整合全省生物医药领域创新资源，提升新药研发水平，推动重大药物产业化，加强质量控制化体系建设。加快推进中药现代化，积极发展新型疫苗、单抗药物等生物技术药，有选择发展化学药和医疗器械，积极培育基因检测和干细胞应用产业，推动精准医疗、"互联网+"医疗等新业态发展。深入挖掘我省民族民间医药文化资源，加快发展多样化健康服务和产品，构建集健康、养老、养生、医疗、康体、体育健身等为一体的大健康产业体系。加快建设天然药物和健康产品优质原料基地、产品研发和生产基地、医疗康复服务基地、生物医药和大健康产品商贸基地，将我省打造成服务全国、辐射南亚、东南亚的生物医药和大健康产业中心。

重点园区：加快推进昆明国家生物产业基地以及昆明市现代中药与民族药、新型疫苗和生物技术药物产业集聚发展区建设，打造滇中新区生物医药和大健康产业集聚区，加强昆明、玉溪、楚雄高新技术产业开发区和文山三七产业园、大理经济技术开发区、昭阳工业园区等重点园区建设。

重点项目：实施云南文山 3.5 万亩 GAP 优质三七原料药材生产基地建设、云南薏仁产业园等一批原料基地项目，实施云南白药集团七花有限责任公司搬迁扩建、昆药生物医药科技园、天士力三七系列药品精深加工项目、中国医科院医学生物所新型疫苗生产基地建设等一批生物医药工业项目，实施云南昊邦制药有限公司第三方健康服务平台、昆明圣火药业杏林大观园、高原体育产业基地等一批大健康领域项目，实施云南省医药有限公司物流中心二期建设、昆明鸿翔"互联网+"项目等一批商贸流通项目，实施灵长类表型与遗传科学设施、云南空港国际科技创新园生物医药公共服务平台等一批科技创新项目。

2. 绿色旅游文化产业

瞄准现代旅游发展高端化、国际化和特色化的方向，全力推进旅游产业提质增效。按照全域旅游发展思路，积极推进"旅游+"融合发展，推动以观光型旅游为主向以观光、休闲度假、专项旅游等复合型旅游转变，充分发挥和释放旅游产业的综合带动功能。拓展旅游发展空间，积极发展医疗、养老、康体、工业、体育等新兴旅游，大力发展跨境旅游，培育发展高端精品旅游服务。优化旅游发展环境，整顿旅游市场秩序，提升旅游服务质量，强化"七彩云南·旅游天堂"整体形象塑造和宣传推广。推进文化创意和设计服务与有关产业融合发展，着力发展新闻传媒、出版发行印刷、歌舞演艺、影视音像、广告创意、文化休闲娱乐等文化产业，积极发展具有民族特色和地方特色的传统文化艺术，鼓励创造优秀文化产品。推进旅游与文化深度融合，提升旅游发展文化内涵，加快历史文化旅游区、红色文化旅游区、民族文化旅游基地、工业旅游基地、特色旅游小镇建设，着力打造文化旅游节庆品牌和精品演艺产品，以"南博会""旅交会"为重点加快会展业发展，拓展旅游文化新业态。

重点项目：加快旅游基础设施建设，新建续建昆明草海片区万达城、昆明滇池国际会展中心等旅游型城市综合体项目，实施安宁玉龙湾运动休闲主题社区等传统景区改造提升项目，推动转龙国际健康怡养度假区、澄江寒武纪乐园等新建在建旅游重大项目加快实施，建设云南旅游大数据中心等旅游信息化项目，加快自驾车房车露营地等其他类型旅游项目建设。加快推进云南大剧院等重大文化项目建设，努力建成20个年产值上亿元的文化产业园区。

3. 特色现代生态农业产业

坚持用工业理念发展农业，以市场需求为导向，以完善利益联结机制为核心，以制度、技术和商业模式创新为动力，以新型城镇化为依托，厚植农业农村发展优势，加大创新驱动力度，延伸农业产业链，拓展农业多种功能，发展农业新型业态，保持农业稳定发展，农民持续增收，构建农业与二三产业交叉融合的现代产业体系。重点推进生猪、牛羊、蔬菜、花卉、中药材、茶叶、核桃、水果、咖啡和食用菌等产业，按照国家农业产业布局，积极推进糖料、薯类发展，打响高产、优质、高效、生态、安全的高原特色现代农业品牌，增强农产品安全保障能力。建设标准化、规模化、稳定高效的原料基地，打造一批特色农业产业强县，推动国家现代农业示范区、农业科技园区、绿色经济示范区示范带建设。大力发展农产品电子商务、休闲农业、跨境农业、乡村旅游等，加快发展都市现代农业，培育农业经济新业态。以发展多种形式适度规模经营为引领，创新农业经营组织方式，大力培育具有领军示范带动作用的农业"小巨人"，提高农业产业化经营水平。健全现代农业科技创新推广体系，提高农业机械化、信息化水平。

重点项目：支持实施农业科技体系建设、基础设施建设、产业标准化基地建设、畜禽规模化养殖创建、农产品标准化体系建设、农产品质量安全可追溯体系建设、农业服务体系建设等项目，形成一批融合发展模式和业态。

4. 清洁能源产业

根据云南省产业规划对清洁能源产业的定位，云南省要建立适应分布式能源、电动汽车、储能等多元化负荷接入需求的智能化供需互动用电系统，建成适应新能源高比例发展的新型电网体系。适时开展分布式新能源与电动汽车联合应用示范，推动电动汽车与智能电网、新能源、储能、智能驾驶等融合发展。加快新能源开发综合利用，大力发展"互联网 +"智慧清洁能源。

5. 节能环保产业

把握全球能源变革的重大趋势和云南省产业结构绿色转型的发展要求，加快推进绿色低碳技术创新和应用，发展以节能产品制造、节能技术推广应用为主的高效节能产业，以环保技术装备制造、环保应用和服务为主的先进环保产业，以矿产资源综合利用、"城市矿产"资源开发、农林废弃物资源化利用、健全资源循环利用产业体系为主的资源循环利用产业。

6. 信息产业

把发展信息产业作为云南省实现弯道超车和跨越式发展的重要抓手，加强顶层设计和规划布局，协同推进新型工业化、信息化、城镇化、农业现代化、绿色化发展。实施"云上云"行动计划，推进云计算、大数据、互联网、物联网、移动互联网等新一代信息技术基础设施建设，推动政务云、工业云、农业云、益民服务云和旅游、林业等重点领域的行业云和大数据中心建设。加快构建高速、移动、安全、泛在的信息基础设施，打造国际通信枢纽和区域信息汇集中心。以新一代信息技术、信息通信服务、电子信息制造、软件和信息服务、移动互联网和物联网、区域信息内容服务等 6 大领域为重点，力争形成龙头带动、集群发展、产业配套的特色产业集群。实施"互联网 +"

行动计划，带动生产模式和组织方式变革，着力发展智能制造、网络化协同、大规模个性化定制等制造新模式，积极培育在线检测、预测性维护、工业大数据等服务新业态，推动传统经济跨界、融合、创新发展。加强信息安全建设，构建网络治理和信息安全保障体系，营造安全可信的发展环境。

重点园区：将呈贡信息产业园区打造成全省信息产业核心集聚区和创新发展新高地。支持玉溪高新技术产业开发区、保山国际数据服务产业园等结合自身实际，打造新一代信息技术及特色产业集群。依托红河综合保税区、蒙自经济技术开发区、河口跨境经济合作区、砚山工业园区等发展外向型电子信息制造集群。

重点项目：加快推进国际通信枢纽和信息基础设施建设项目、云智高科技红河州产业园等电子信息制造业项目、融创天下微总部经济园区等软件和信息技术服务业项目、云南信息化中心（首期）等新一代信息技术产业项目等建设。

（二）企业绿色发展方式转型

首先，制定企业绿色发展战略。传统的企业发展战略忽略了绿色压力，企业未来应该实行绿色发展战略。这样可以揭示出许多过去传统战略管理带来的失误与变化规律，进而提出新的有效对策手段来防止或纠正这些失误现象，使企业竞争力回归良性可靠的动态平衡。企业应该聘请专业人员对企业进行全面的内外环境优劣分析，盘活家底，展开更进一步的行动。当然，实行有效的绿色战略并不是一时半会的事，需要经过严格的分析考察和精心的分析研究，才能找到适合本企业发展的有效战略。绿色战略管理需要改组企业的结构，重塑企业的素质，"吐故纳新""新陈代谢"，然后建立起管理新机制——企业战略方案的形成机制、运行机制、分析评价与选择机制、实施与控制机制等。

其次，采用清洁技术，促进企业绿色创新。企业可以通过采用绿色清洁技术，来应对绿色压力。绿色技术在50多年间经历了末端技术、无废工艺、废物最少化、清洁生产技术和污染预防技术5个阶段，清洁生产技术是以保护人体健康和人类赖以生存的环境，促进经济可持续发展为核心内容的所有生产技术活动的总称。研究显示企业通过在绿色创新方面的投入，建立规范的绿色研究开发技术，往往能够获得先发优势。例如，美国卡瑞尔公司投资50万美元来清除制造空调的流程中清洗铜制和铝制零件的有毒溶剂，一年后，公司制造成本降低了120万美元。总的来说，企业在采取清洁技术的基础上，可以通过绿色创新，包括产品或服务的设计、服务的细分市场以及生产过程、营销过程、售后服务支持等方面的新方法、新工艺、新技术和新思路，突破面临的绿色压力，实现绿色与企业竞争力的双赢。

（三）云南省发展绿色产业的支撑体系

1. 强化政府的引导与协调关系

发展绿色产业涉及到云南省产业结构的调整和科技资源的合理配置，在市场需求导向的前提下，应当加强政府的引导，建立起适应绿色产业发展的宏观协调体系。强化政府对绿色产业发展工作的领导，加强对全省绿色产业发展及其工作的宏观指导、协调和督促。

加快科技公益类研究机构的改革步伐，重点发展绿色产业发展服务的中介机构，通过国内外相关领域科技与产业发展的咨询报告和信息支持为全省绿色产业科技创新提供服务。建立和健全绿色产业及其产品的政府采购或补贴制度，对于企业、个人投资研究和开发的重大公益类绿色产业科技创新成果、专利、产品商标及其新产品，政府可以采取统一采购、给予一定经费补贴等形式进行应用推广。

2. 科技投入支撑体系

调整云南省政府安排的科技计划经费投向，重点加强绿色产业科技创新活动，建议在现有"优质农产品开发示范专项"等科技计划的基础上，设立"绿色产业科技创新专项"，专门用于支持影响云南省绿色产业发展重大关键技术共性技术的前期研究与开发，并且引导企业增加对绿色产业科技创新的投入。

加快对云南省从事绿色产业科技研究、开发和推广的科技资源进行合理配置，建立以企业、科研单位和高校联合参加的"云南省天然药物研究开发中心""云南省农业安全性与绿色食品检测研究中心""云南省花卉育种技术研究开发过程中心""云南省旅游服务技术研究开发工程中心"等，加强对绿色产业技术研究开发的综合集成和创新。

3.完善人才使用、引进和聘用机制

根据云南省绿色产业科技创新的要求，调整应用基础研究、省院校联合等科技计划的研究方向和资金投向，并争取国家的支持，建立旨在培养中青年科学家为主的绿色产业科技创新开放式研究基金，加大培养和引进高层次人才的力度。

鼓励和支持从事绿色产业的企业、科研单位和高校引进各种类型的专业技术人才和管理人才，对引进的上述人才可以享受相应的优惠政策。

积极创造条件，再增加若干培养经济植物规范种植、加工及其产品质量监测、检测等与绿色产业发展密切相关的新兴学科人才的硕士、博士点，支持高等院校通过定向委托培养、联合办学和出国留学等途径为云南省培养高素质的绿色产业科技创新人才。

4.建立金融信贷支撑体系

争取国家农业发展银行和西部大开发专项资金的支持，加强对云南绿色产业及特色产品生产示范基地的投入，建设和完善一批绿色产业基础设施。

鼓励和支持省内外的风险投资或创业投资公司，到云南开发投资绿色产业项目，逐步建立绿色产业发展的风险投资机制。

5.建立服务支持体系

加快云南信息宽带网络建设，依托现有的服务机构，建立"云南省绿色产业信息服务中心"，全面收集国内外绿色产业科研、技术、新产品开发、市场动态等信息，为全省绿色产业发展提供服务。

加大绿色产业科技创新专利等知识产权的保护力度，对申请相关领域的专利、植物新品种保护的单位或个人可依照省内的有关政策给予资助和补贴。

配合国家有关部门，建立针对云南省具有特色的绿色产业产品的技术标准和质量规范，提高这些产品在国际市场上的竞争力。

（四）云南省绿色产业发展的主要措施

1.提高认识，牢固树立依靠科技创新发展绿色产业的思想，切实加强对发展绿色产业的领导

各级政府要充分认识推动云南绿色经济和绿色产业发展的紧迫性和重要性，加大工作力度，正确处理好经济发展与生态环境保护、产业开发与资源

合理利用的关系，建立新型的绿色产业体系和全省绿色产业发展的良好机制，推动云南绿色产业增长方式逐步向注重质量效益的方向转变。

2. 结合绿色产业特点，大力推进绿色产品品牌战略，增强市场竞争能力

要根据云南省绿色产业的发展特点，参照国际惯例和规则，积极制定具有独特优势的绿色产品技术标准和质量规范，主动实施绿色企业准入制度，加强对绿色产业和产品发展的宏观引导，做好绿色产品品牌，为云南绿色产业发展营造一个良好的市场竞争环境。

3. 加快全省经济体制改革和产业结构调整的步伐，推动云南绿色产业发展的机制创新，实现经济、社会和生态环境的协调健康发展

积极探索绿色产业的投入产出机制、科技激励机制和人类资源开发机制，进一步扩大对国内外的开发，广开筹资和引进先进技术的渠道，支持绿色产业的绿色经济。鼓励和支持企业通过兼并重组，提高自身综合实力和科技创新水平，增强全省绿色产业发展的后劲。同时各级政府应打破所有制、行政区域、行业界限，通过制定和实施工商、税收、财政、土地等优惠政策，以及实行"一条龙"服务，营造有利于绿色产业发展的良好市场竞争环境，为企业开发生产优质高效的绿色产品创造广阔的空间。

4. 建立和完善云南绿色产业科技创新人才培养和引进体系，加大培养高素质人才的力度，为绿色产业的绿色经济造就一支高素质人才队伍

要根据云南省人口素质的现状，把人力资源开发放在发展绿色产业的首位，作为建设绿色经济强省目标的根本措施，建立和完善以高等教育为龙头、中等职业教育和成人教育为骨干、实用技术培训和普及为主体的绿色产业科技人才培养体系。根据云南省绿色产业科技创新的要求，调整高等专业人才教育方向，加大绿色产业科技创新相关专业人才，尤其是高层次人才的培养力度；同时充分利用云南人力发展绿色产业科技创新的机遇，认真贯彻引进人才优惠政策，吸引国内外各类高层次人才到云南来进行绿色科技创业。强化绿色产业技术推广人员的绿色产业技术培训，逐步改善云南省绿色产业科技推广队伍素质偏低、专业人才缺乏、知识老化、不适应绿色产业绿色经济要求的状况，使全省绿色产业的发展真正转移到依靠科技创新和提高劳动者

素质的轨道上来。

5. 加强云南与国内外在绿色产业发展方面的合作交流，逐步建立起与国际接轨的开放式区域性绿色产业创新体系

大力加强国际合作交流，一方面要争取与发达国家在领域前沿进行合作研究，为引进绿色产业先进技术的消化、吸收和二次创新打下良好的基础；另一方面要积极加强与周边国家为主的发展中国家的绿色产业合作，主动实施"走出去"战略，加强与周边国家在绿色产业发展方面的合作，增强云南省绿色产品的市场竞争力。同时还要抓好云南省与国内发达省区的绿色产业，加大引进、吸收发达地区绿色产业先进企业和人才的力度，提高云南绿色产业科技创新的水平和效益，促进绿色产业的发展。

二、绿色引领经济转型，打好绿色发展"三张牌"

位于大理州剑川县的新松换流站，海拔 2350 米，是滇西北直流工程的电力输送端换流站，也是世界上海拔最高的特高压换流站。2017 年 12 月 27 日，随着机组开始全面运转，来自滇西北的清洁水电转变成直流电源源不断地输送到广东省深圳市。滇西北直流工程是落实国务院"大气污染防治行动计划"的 12 条重点输电通道之一，西起剑川县，跨越云南、贵州、广西、广东四省区，东至广东省深圳市宝安区，是西电东送首条落地深圳的特高压直流工程。

2018 年 1 月 31 日，在云南省人民政府召开的新闻发布会上，省长阮成发也再次强调，能源产业是云南现有支柱产业之一，其中主要是水电清洁能源。充沛而廉价的绿色能源是云南的一大优势。打造"绿色能源牌"就是大力推动水电铝材、水电硅材一体化发展，尽快形成产业。同时，进一步延伸产业链，迅速发展新能源汽车产业，下大力气引进新能源汽车整车和电池、电机、电控等零配件企业，尽快形成完整的产业链，争取把"绿色能源牌"打造成为一大亮点。

如果说"绿色能源牌"大有可为，那么"绿色食品牌"则彰显了云南特色。建水豆腐、松茸煮鸡、大理三道茶……凡是到过云南的游客，都会对当地各式各样"舌尖上的美味"印象深刻。而且，这些高原上的特色农产品已经走上了日本及欧洲各国的餐桌。如何打好这张"绿色食品牌"，要做好"打造

名优产品，做好'特色文章'，加快形成品牌集群效应；塑造'绿色品牌'，推动农业生产方式'绿色革命'；发展精深加工；开拓国内外市场，扩大云南农产品影响力和市场份额"等一系列系统的规划部署。

临沧市双江县，是冰岛茶的故乡、大叶种茶原生地。这里茶叶资源、水资源均十分丰富，在推介绿色产品、推介健康生活方面有着天然的优势，而同云南其他部分地区现代农业一样，在发展过程中存在着规模小、品牌影响力小、产品附加值低的局限。

其实，云南高原特色现代农业有良好的基础，拥有茶叶、咖啡、蔬菜、水果等高原特色农产品。放眼全国，当前农业面临着一场深刻的革命。云南省要抓住这个机遇，打好"绿色食品牌"，大力推进"大产业＋新主体＋新平台"的发展模式。加快发展大产业，重点力推茶叶、花卉、水果、蔬菜、核桃、咖啡、中药材、肉牛等产业做大做强；培育和引进新主体，引进国内外大企业，培育壮大龙头企业以及农业专业合作社、家庭农场等新型经营主体，用这种新的主体来替代或者改革一家一户的组织生产；利用互联网等新平台，走一条有机化、品牌化、特色化发展之路。

第三张牌，打造"健康生活目的地牌"方面，也和绿色生态密切相关。要大力发展从"现代中药、疫苗、干细胞应用"到"医学科研、诊疗"，再到"康养、休闲"全产业链的"大健康产业"。使云南的蓝天白云、青山绿水、少数民族特色文化转化为发展优势、经济优势。而"健康生活"的理念也将惠及云南全省各族人民，乃至省内外、国内外追求健康生活的人。

"保护生态环境就是保护生产力，改善生态环境就是发展生产力。"云南省逐渐探索出了一条生态文明与发展绿色经济相结合的发展之路。以普洱市为例，不但全面推进了生态建设和环境保护、绿色农业、绿色工业、绿色服务业等273个试验示范项目以及绿色循环低碳示范城镇的创建工作，还在全国率先推行了绿色经济考评的工作机制，以及出台了绿色农业、绿色工业企业评价标准等地方规范标准16项63个。同时，又培育了一大批安全优质的农产品绿色品牌，获得有机认证企业数居全国第四，茶叶面积、产量、产值居全省前列，咖啡面积、产量占全国一半以上，从而一举荣获了"2017 全国绿色发展与生态建设优秀城市"称号。"绿色"是新旧发展模式交替的分水岭，是实现生产发展、生活富裕、生态良好的文明发展道路的必然选择，也是云南经济社会发展最富生机的价值底板。围绕"健康生活目的地"这一发展目标，云南省不仅仅要打造全产业链的大健康产业，还要实施全域旅游发展战略，持续推动旅游产业转型升级。"云南只有一个景区，这个景区就叫云南。"这不是一句简单的口号，而是一个清晰的发展目标和具体的行动指南，充分体现了全域旅游发展的内涵和实质，指明了旅游产业转型升级的方向。

云南省以"零容忍"态度，坚决整治旅游市场，创造良好的旅游环境和旅游秩序。政府表态旅游市场秩序整治"不会半途而废"。而在产业转型升级方面，云南旅游业也需要来一次彻底"革命"。"一部手机游云南"需尽快正式上线和完善。通过大数据综合分析，将为每位赴滇游客智能推荐个性化出游方案，全面覆盖游客在云南的"吃住行游娱购"。

如何做到"一部手机游云南"呢？我们不妨畅想一下：香格里拉的日照金山、下雨起雾的元阳梯田……打开 APP 后，这些云南最美的风景都将通过短视频、慢直播的方式推送到用户的手机端，让想到云南旅游的用户坐在家中就能领略云南各地美景。不仅如此，系统还可以自动识别游客拍摄的照片，根据游客的需要提供解说服务；可以在 APP 上点菜、预约用餐；可以在 APP 上查询卫生间位置、空位情况；可以在 APP 上购买纪念品。最后，游客还可以对上述情况进行评价，景区差评达到一定程度，系统将有不同级别的"报警"……

可以说，游客在云南的一切活动都能够在智能手机上进行操作。以"一部手机游云南"为平台打造智慧旅游，真正实现游客旅游自由自在、政府管理服务无处不在。

"云南这三张牌"包含了第一产业、第二产业、第三产业，它的底色就是绿色，这是高质量发展的一个方向。要聚焦重点，扬长避短、彰显特色，久久为功，经过全省上下几年甚至十几年的努力，把"三张牌"真正打造成世界一流品牌。

三、培育绿色发展意识，传播生态文化

绿色发展必须大力培育相关意识，使人们将绿色发展理念转化为自觉行动。通过绿色教育、绿色宣传、绿色文化传播等多种形式，提高全民绿色文化素质和生态文明意识。绿色文化以生态价值观、绿色发展观全面改造技术理性，由传统的不计资源和能源消耗及环境成本的技术创新理念向节能环保型技术创新理念转型，将绿色发展理念嵌入到新时代经济社会发展的轨道，重塑工具理性和价值理性，从而建构一种绿色技术范式，达到工具理性和价值理性、目的性和生态性的有机统一。①

（一）树立绿色发展观念

应用多种形式和手段，深入开展保护生态、爱护环境、节约资源的绿色发展宣传教育和知识普及活动，牢固树立"善待生命、尊重自然的伦理观，环境是资源、环境是资本、环境是资产的价值观，破坏环境就是破坏生产力、保护环境就是保护生产力的发展观"观念；强化"经济、社会和环境相统一的效益意识，经济、社会、资源和环境全面协调发展的政绩意识，节约资源、循环利用的可持续生产和消费意识"意识。倡导崇尚亲近自然的生活理念，从社会公德、职业道德、家庭美德和个人品德等方面入手，推进生态道德建设和绿色发展意识，使各族人民更加自觉地保护环境、节约资源，不断提高生态文明和绿色发展素养，在全社会牢固树立生态文明和绿色发展观念。

（二）弘扬优秀的民族生态文化

1. 充分挖掘民族文化资源，打造云南民族绿色文化品牌

云南各少数民族在长期与自然相依相存的发展过程中，形成了以"善待自然、和谐共生"为基本理念的朴素生态观、生态伦理道德、传统生态知识及行为方式，如傣族的"山林崇拜"、纳西族的"人与自然是兄弟"、藏族的"圣境信仰"等。加强这些优秀民族生态文化资源的整理和保护，发掘传统生态和绿色文化内涵，精心做好文化项目的策划、引进和包装，树立一批生态文化品牌，提升文化活动的品位，提高云南民族特色绿色发

---

① 廖小平，邹巅，袁宝龙．推动我国绿色发展的模式及路径研究 [J]．湖南师范大学社会科学学报，2020，49（01）：14-23.

展文化的影响力。

2. 加强民族生态文化保护与传承

选择有代表性的少数民族聚居自然村，加强民族生态文化保护。加强传统生态文化习俗、节庆等文化的传承和革新，增强少数民族生态意识，提高生态文化素养。发掘有代表性的民族特色生态文化符号，设计生态文化标志，融入地方城镇建设、形象设计、品牌培育等各方面。依托群众喜闻乐见的艺术形式，打造主题节日，创作主题文艺作品。

3. 发展民族生态文化产业

将边疆民族文化、历史文化、资源开发与旅游二次创业密切结合，促进生态旅游业和相关第三产业的发展。充分挖掘云南少数民族茶文化、森林文化、饮食文化、服饰文化潜力，发展地方特色民族生态文化产业。以生态文化为载体，举办各种类型的民族文化艺术节，以节扬文，以文促旅，以旅活市，提高云南旅游产业知名度，促进对外合作与交流，繁荣民族文化事业。

（三）全面推行生态和绿色文化教育

1. 构建全民生态绿色教育体系

将生态绿色文化知识和生态绿色意识教育纳入国民教育和继续教育体系，编制教育教材，加强生态绿色教育能力建设。将生态文明建设纳入党政干部培训计划，提高领导干部的生态文明素养和意识。纳入企业培训计划，加强对企业干部职工的生态文明知识、环境保护和生态建设法律法规教育，增强企业的社会责任和生态责任。加强农村生态文化教育培训。

2. 开展生态和绿色体验教育

广泛开展环保志愿者行动、义务植树造林等环保公益活动，积极开展生态农业、生态旅游等实践活动，充分发挥各类保护地的生态教育和生态体验作用。建设生态公园体验区和生态退化警示区，增强感受教育和警示教育。完善各类生态科技示范园、湿地公园、民族文化博物馆、环境保护科技馆等生态绿色教育基地。

（四）广泛开展生态绿色文明宣传

利用"环境日""地球日""生物多样性日"等载体，开展主题宣传活动。通过电视、报纸专栏、互联网站等媒介，开展生态绿色文明宣传教育。开展"生态绿色文明，有我参与"活动，在各类公共场所设置主题鲜明的生态绿色文明行动小贴士和指示牌等。规范公共场所文明行为，及时总结宣传生态文明建设的经验，加强生态文明建设理论研究。重视农村地区的生态绿色文明宣传教育工作，在村规民约中写入生态文明和绿色发展相关内容。

四、加强绿色发展的制度化保障

通过体制完善和制度创新，着力克服制约绿色发展与经济协调发展的制度性障碍，建立与完善有利于促进生态文明建设和绿色发展的制度，引导人民群众自觉开展生态文明建设。

（一）建立和完善生态文明建设运行机制

1. 建立健全综合决策机制

把生态文明建设的主要任务与目标纳入国民经济和社会发展规划和年度计划，贯穿于国民经济社会发展的全过程。在制定产业政策、产业结构调整规划、区域开发规划时，要充分考虑生态文明建设的目标要求，探索政策、法规等战略层面的环境影响评价，加强专项规划的环境影响评价。制定对环境有重大影响的政策、规划、计划，以及实施重大开发建设活动时，要组织开展环境影响评价，最大限度地降低对生态环境的影响。

2. 建立健全公众参与机制

结合法治政府、责任政府、阳光政府、服务政府等系列制度的实施，对生态文明建设的重大决策事项实行公示和听证，充分听取群众意见，确保公众的知情权、参与权和监督权。畅通公众诉求渠道，接受公众监督，形成社会普遍关心和自觉参与生态文明建设的良好氛围。各类企业要自觉遵守资源环境法律、法规，主动承担社会责任。鼓励非政府组织参与生态文明建设，开展环保宣传等社会公益活动。

3. 建立健全交流合作机制

加强交流与合作，学习、借鉴国内先进省市在发展循环经济、建设生态文明方面的成功经验和做法。推动国内外环保合作和科技合作，引进、消化、吸收国外先进技术、经验。把利用外资与发展循环经济和生态建设有机结合起来，吸引外资投资高新技术、污染防治、节约能源、原材料和资源综合利用的项目。

4. 建立健全人才培养机制

优先发展国民教育，重视发展继续教育，培养大批具有创新精神和实践能力的生态文明建设应用型、复合型、研究型人才。博采众长，注重人才的联合培养，加大对外交流合作，致力于培养具有国际视野的高精尖人才。为人才的成长和培养提供足够的项目支持，从长远的发展角度来打造绿色发展智库。

5. 建立健全干部考核机制

完善干部政绩考核制度和评价标准，把生态文明建设成效纳入干部考核评价体系之中，建立科学的干部考核指标体系。落实一把手亲自抓、负总责制度，各级政府对本行政区域内生态环境质量负责，推进政府任期和年度生态文明建设目标责任制，使各地、各部门对本行政区域、本行业和本系统生态文明建设的责任落到实处。

（二）制定生态环境经济政策

1. 探索建立生态补偿长效机制

按照"谁开发谁保护、谁受益谁补偿"的原则，逐步建立环境和自然资源有偿使用机制和价格形成机制，逐步建立制度化、规范化、市场化的生态补偿机制，研究建立重点领域生态补偿标准体系，制定和完善生态补偿政策法规，探索多样化的生态补偿方法、模式，建立区域生态环境共建共享的长效机制。

2. 完善环境经济政策

制定推动循环经济发展的政策，扩大循环经济试点，逐步建立覆盖全社会的资源循环利用机制。合理确定资源综合利用电厂上网电价，建立反映市场供求关系、资源稀缺程度、环境损害成本的生产要素和资源价格机制，引导企业和个人有效地使用能源，从而实现产业结构、能源结构和消费结构的转变。建立主要污染物排放总量初始权有偿分配、排放权交易等制度，建设污染物排放权交易市场，推进污染治理和环境保护基础设施建设市场化运营机制。

3.探索建立遗传资源获取与惠益共享机制

建立遗传资源获取的行政许可程序，规定遗传资源取得的条件、申报审批程序、归口管理机构。制定分享利用遗传资源产生惠益的机制，明确参与提供遗传资源开发研究的原则、方式、条件以及成果分享和利益分配机制，资料、信息和设施的提供与共享机制。重视传统知识的总结和编目，建立保护传统知识并促进其惠益分享的法规，确立在遗传资源保护方面的知识产权保护策略和政策。

4.制定生态产业扶持政策

按照市场规律和生态功能区划、主体功能区划制定符合云南实际的产业政策，充分利用高新技术和先进适用技术改造传统产业，优先发展资源节约、环境友好的项目，鼓励发展资源消耗低、附加值高的高新技术产业和服务业。定期公布优先、鼓励发展以及禁止和限制发展的产业、产品、技术与工艺目录和生态产品标准，引导社会生产力要素向有利于生态文明建设的方向流动。在省级权限内，研究制定有利于生态型产业发展的财政、税收、金融、投资、技术等政策，大力促进生态经济的发展。把发展生态产业作为重点扶持领域，对重点产业、重大科技攻关及示范项目给予直接投资或资金补助、贷款贴息等支持。

5.制定节能减排配套政策

严格实行新建项目环保准入机制，制定重点流域、区域的环境容量及总量控制标准，提高节能、环保市场准入门槛。建立落后产能退出机制，安排专项资金并积极争取中央财政专项转移支付，支持淘汰落后产能。建立政府引导、企业为主体的节能减排投入机制，引导社会、企业节约资源，重点推进商业、民用节能及政府机构节能，鼓励清洁能源开发利用。

（三）完善生态环境管理制度

1.健全生态环境管理体制

改革环境管理体制，不断完善环境保护的统一立法、统一规划、统一监督管理体制，进一步增强各级政府的环境管理能力，强化跨地区综合性环境事务的宏观调控能力。加强各有关部门的合作与协调，建立、完善部门协作制度、信息通报制度、联合检查制度。建立引进外来物种的审批与决策机制。

2. 完善资源开发管理制度

制定严格的土地用途管理制度、耕地保护制度，强化集约节约使用土地。制定鼓励清洁能源开发利用的优惠政策。建立科学的水资源管理制度，制定行业用水定额标准，加快水价改革，发展节水农业。提高矿业开采准入标准，整合资源，引导规模开采，实现有序开采。

3. 完善企业环境责任制度

明确企业的环境责任，提高企业环境守法意识，规范环境管理制度，强化节能减排自觉行动，提高资源利用效率，发挥企业在微观环境管理中的主导作用。建立资源回收利用制度，鼓励企业建设废物回用设施。建立环境公益诉讼制度，追究企业实施环境侵害应承担的责任。建立企业污染减排制度，推动企业积极开展清洁生产、环境标志认证。建立企业环境行为公开制度，定期向社会公布企业环境行为评估结果。

4. 健全生态保护制度

建立饮用水源地安全预警制度，加强集中式饮用水水源地建设和保护，确保城乡群众饮用水安全。完善农村环境管理体制，推进农村环境综合整治，深化生态示范创建活动。探索建立国家公园管理模式，推进自然生态环境保护。建立重要生态功能保护区建设制度，确保重要生态功能得到有效维护。

（四）健全投入机制

1. 逐步加大公共财政投入力度

建立健全公共财政体制和公共服务投入稳步增长机制，调整和优化公共财政支出结构，适当向环境保护领域倾斜、向生态文明建设项目倾斜，充分发挥公共财政的导向作用。建立生态建设转移支付制度，加大对生态脆弱和生态保护重点地区的支持力度，促进区域协调发展。

2. 完善资金管理体制

整合环境保护和生态建设资金，提高资金使用效益。按照投入渠道不变、建设内容不变、管理责任不变的原则，统筹运用和安排。实行"三集中"：集中资金，集中投向生态文明建设的重点领域和项目，集中解决生态文明建设的重点问题。

3. 建立多元化的投融资机制

逐步建立政府主导、多元投入、市场推进、社会参与的生态文明建设投融资机制。加快生态保护融资平台建设，鼓励风险投资和民间资本进入环境保护产业领域。采取政府资金引导、政府让利等方式，引导民间资本参与生态文明建设。采取财政贴息贷款、前期经费补助、无息回收性投资、延长项目经营权期限、减免税收和土地使用费等优惠政策，鼓励不同经济成分和各类投资主体以不同形式参与生态文明建设。

第三节 云南省绿色发展未来展望

一、跨越式发展下的云南省绿色发展

习近平总书记在 2015 年考察云南时发表了重要讲话，希望云南主动服务和融入国家发展战略，闯出一条跨越式发展路子来，努力成为我国民族团结示范区、生态文明排头兵、面向南亚东南亚辐射中心，谱写好中国梦的云南篇章。"十三五"时期是云南省经济社会实现历史性、高质量、跨越式发展的时期，其巨大成就可概括为：取得两个决定性成就、一个重大战略成果，实现五个历史性突破。取得两个决定性成就：一是脱贫攻坚取得决定性成就；二是全面建成小康社会取得决定性成就。取得一个重大战略成果是指坚持把人民生命安全和身体健康放在第一位，有效控制了疫情蔓延发展。实现五个历史性突破如下：经济总量实现历史性突破；产业结构调整实现历史性突破；基础设施建设实现历史性突破；生态文明建设实现历史性突破；社会民生补短板实现历史性突破。

（一）绿色发展是跨越式发展的题中之义

习近平总书记在多次讲话中强调经济社会发展与生态文明建设之间的关系，"我们将更加注重绿色发展。我们将把生态文明建设融入经济社会发展各方面和全过程，致力于实现可持续发展。我们将全面提高适应气候变化能力，坚持节约资源和保护环境的基本国策，建设天蓝、地绿、水清的美丽中国。"在云南省实现跨越式发展的进程中，绿色发展既是要求，也是机遇。

党的十八大确立了绿色发展的目标，并作出了战略部署。云南省实现跨越式发展的一个重要定位就是"生态文明排头兵"，足见生态文明建设在云南省跨越式发展战略中的重要性，云南省的绿色发展和生态文明建设备受重视。在深入推进云南实现跨越式发展的进程中，应坚定不移地统筹经济社会发展与生态文明建设，走出一条绿色跨越式发展道路。随着我国国内大循环为主体、国内国际双循环相互促进的新发展格局的深入推进，为了进一步扩大内需，拉动经济循环发展，环境保护方面的投入将会进一步加大，云南省的绿色发展、生态基础设施建设和环境管理、保护能力将得到进一步提升。此外，云南省生态资源丰富，推进生态文明建设的发展红利日益显现，民间与政府协力推进绿色发展的局面逐渐形成。随着绿色发展的推进，云南省的生态文明建设达到了一定的高度，取得了一些成就，为实现跨越式发展奠定了坚实的基础。

（二）云南省绿色跨越式发展行稳致远

为了实现绿色跨越式发展，云南省致力于打造"三张牌"，这三张牌分别是"绿色能源牌""绿色食品牌""健康生活目的地牌"，它们的共同特点就是让"绿色"成为云南省产业转型升级、经济高质量发展的鲜明底色。在乡村振兴的背景下，利用好这"三张牌"，推动云南省绿色跨越式发展行稳致远。

首先，加强流域生态环境保护，建设生态安全格局。生态安全是总体国家安全观中的重要一环，具体是指人类在生产、生活过程中健康和正常的生活秩序免受生态破坏和环境污染影响的安全保障。生态安全具有整体性、不可逆性和长期性的特点，因此生态风险的危害极大。要抓紧构建生态安全格局，生态安全格局构建的核心要义是维护生态系统的稳定性和可持续性，其概念内涵可归纳为：在社会可持续发展的背景下，以关键生态问题为研究对象，通过审视景观格局与生态过程的相互关系入手，探究生态系统中重要组成部分及空间分布，进一步合理配置与优化生态要素，从而达到改善与修复生态系统中因气候变化和人类活动所造成的生态薄弱环节与受损生态功能的目的。[①] 构建生态安全格局对于提升区域生态系统的完整性具有重大意义，

---

① 易浪，孙颖，尹少华，魏晓.生态安全格局构建：概念、框架与展望[J].生态环境学报，2022，31（04）：845—856..

是控制生态空间萎缩、维护生态功能、保障生态底线、实现区域生态安全的重要途径，也是优化区域国土空间结构的有效方法。[1]生态安全格局对区域内的生态环境的保护意义重大，构建和维护以水环境为中心的生态安全格局，成为当前云南省建设和发展过程中必须面对和解决的问题。

其次，在规划上，应当根据云南省的现状，并结合对未来流域经济发展的把控，科学合理制定总体规划，制定近期、中期、长期生态环境保护总体规划，构建生态安全格局。通过总规划，妥善处理经济发展与环境保护的关系，争取最大限度内达到平衡。在具体规划中，涉及环境资源配置的，应当合力分配和优化生态要素，巩固生态系统脆弱的结构，减少生态系统的风险，提高生态安全的持久性和稳定性。对于不可避免地造成生态环境恶化的人类活动，应当通过技术进步尽量减少其对生态环境的影响，最大程度地保护生态环境。此外，应当增强生态风险防范意识，确保生态环境安全。第一，要建立常态化的风险调查机制，定期对四湖流域所存在的生态风险进行调查和摸排，并按照一定的标准对风险进行评估，按照风险的危害程度进行分级管理，把环境风险纳入环境管理体系，并将风险管理纳入到对行政机关的评价体系中。第二，建立健全风险管理机制，风险管理机制建立在对风险的认识上，在确定了风险等级的评价体系后，就应当匹配与之相适应的风向管理机制，按照风险的危害程度采取不同的风险管理措施，既防范化解危害生态环境的潜在风险，也要保持社会的正常发展。第三，应当健全应急响应体系。生态环境风险的危险性具有严重性和持续性，因此一旦发生可能导致严重危害后果的风险时，风险应急体系应当立即响应，并发挥作用，这就要求社会各个部门做好足够的准便，以政府为主导，社会主体广泛参与。

最后，以乡村振兴为契机，大力推动云南省绿色发展。党的十九大报告指出，农业农村农民问题是关系国计民生的根本性问题，必须始终把解决好"三农"问题作为全党工作的重中之重，实施乡村振兴战略。乡村振兴是新时代党中央着眼国家发展大局，顺利发展规律提出的解决"三农"问题的重大战略部署，是全面建设社会主义现代化国家的重要支撑，为新时代农村发

---

① 潘越，龚健，杨建新，杨婷，王玉.基于生态重要性和MSPA核心区连通性的生态安全格局构建——以桂江流域为例 [J].中国土地科学，2022，36（04）：86-95.

展指明了方向。农业是自然、生态性状最突出的一个产业部门，农业农村是与大自然最原生的接口及最大的物质能量交换区域，同时农业农村也是生态产品最大产出，对大自然、生态环境等产生较大扰动的部门与区域。[①]没有良好的生态环境，乡村就谈不上振兴，生态振兴是乡村振兴的应有之义。乡村振兴的目的在于解决"三农"问题，促进农村的发展，让农民在良好的环境中安家乐业；因此，没有良好的生态环境就不能为农民提供良好的生存环境，也无法建立美丽的家园，而生态环境的改善，不仅可以满足广大农民对美好生活的向往，更为农村的发展提供了良好的生态要素和环境资源。如何协调经济发展与生态环境之间的问题是乡村振兴战略实践过程中面临的重要任务，针对现代化乡村建设提出的全新要求，对于乡村生态环境问题需要特别重视。[②]2020 年 6 月，生态环境部和农业农村部出台《关于以生态振兴巩固脱贫攻坚成果进一步推进乡村振兴的指导意见》指出，要以美丽乡村建设为导向提升生态宜居水平，以产业生态化和生态产业化为重点促进产业兴旺。要推进乡村振兴，就必须大力推进农村生态环境的治理，改善农村生态环境。对于云南省的广大农村而言，乡村振兴重大国家战略的提出为其带来了巨大的战略契机。

二、"双碳"目标下的云南省绿色发展

2020 年 9 月 22 日，国家主席习近平在第七十五届联合国大会上提出：中国将提高国家自主贡献力度，采取更加有力的政策和措施，二氧化碳排放力争于 2030 年前达到峰值，努力争取 2060 年前实现碳中和。这表明中国将积极推动实现零排放，为世界作出更大的贡献，意味着我国的生产和生活方式将带来巨大的变革。2021 年 3 月 15 日，在中央财经委员会第九次会议上，习近平总书记发表重要讲话强调，要把碳达峰、碳中和纳入生态文明建设总体布局。2021 年 4 月 13 日，云南省委常委会强调，抓住碳达峰碳中和机遇，建设绿色云南，围绕绿色能源、绿色产业、绿色交通、绿色建筑、绿色生活

---

① 高明国 . 乡村生态振兴的路径与优化研究 [J]. 农业经济，2022（05）：43-44.

② 胡利花 . 新时期乡村振兴与生态宜居研究 [J]. 核农学报，2022，36（09）：1898-1899.

等领域发展，抓好示范。碳排放主要来自能源、工业、交通、建筑等领域；而脱碳减排的举措大致可以分为四种：能效升级、能源结构转型、模式升级、碳捕获与储存技术四大类。在"双碳"目标下，云南省的绿色发展也将会迈上新台阶。

（一）能源行业的低碳减排

在能源领域，云南省具有丰富的水能、风能、太阳能等清洁能源资源，能源结构以非化石能源为主，绿色能源装机占比、绿色发电量占比、清洁能源交易占比、非化石能源占一次能源消费比重均达世界一流水平，能源产业已跃升第一大支柱产业。不仅可以有助于实现本地区的脱碳减排目标，也有助于其他地区实现脱碳减排的目标。未来，云南省将继续大力开发绿色能源资源，能源结构不断向低碳化迈进，更多地承担起能源结构转型的历史使命。为了进一步推进"双碳"目标，在能源领域，云南省未来应当在以下几个方面发力。第一，继续推进世界一流"绿色能源牌"建设，在建成国家清洁能源基地的基础上，充分挖掘云南省的绿色资源优势，优化能源结构，构建多元化的能源供应体系，通过水力、风力、太阳能、生物质能等清洁能源替代化石能源。第二，在能源转换的过程中，通过技术创新高效地利用清洁能源，不断提高能源的转化效率，最大化地利用能源；能源产业是云南省的支柱产业之一，要获得能源产业的发展优势，除了得天独厚的能源资源以外，长远来看，只有通过科技创新提高能源的转化效率才能使能源产业获得优势。第三，引导合理的能源消费需求，"双碳"目标下的能源转型除了要在生产端作出改变以外，在消费端，应倡导节能高效的能源消费观，提高能源的利用率。

（二）工业领域的节能减排

在工业制造领域，制造业是云南省的支柱产业之一，尤其是以烟草为代表的轻工业大放异彩。未来，云南省将通过产业升级大力打造先进绿色制造业。工业是第三大碳排放源，要实现"双碳"目标，就必须对工业进行转型升级，按计划完成减排任务。低碳或者零碳工业将会是未来工业的一大优势，云南省应当致力于发展低碳环保的绿色制造业。首先，完善激励机制，推动绿色生产技术创新，不管是能源生产和利用，还是污染物处理，科技创新都是降低碳排放量的最强动力，一是要构建公平竞争的市场环境激励绿色生产技术创新，二是要构建市场约束机制，通过排污收费、交易、处罚制度倒逼企业进行技术创新。其次，深入推进绿色能源和绿色先进制造业的融合，从生产资料全要素、生产环节全链条、生产环境全方位出发，将绿色理念贯穿生产的全过程，通过绿色能源驱动工业绿色化水平，把节能减排作为先进绿色工业的主攻方向，将绿色工业的优势进一步转变为带动绿色能源发展的动力。最后，优化产业结构，以绿色发展理念引领产业结构调整，瞄准未来产业革命的发展方向，发挥本土优势，融合云南省支柱产业与新兴产业，将节能减排作为产业结构调整的主攻方向之一，大力发展一批能源消耗低、科技含量高、生产排放少、发展前景大的新型制造业。

（三）交通运输业的节能减排

交通运输业具有高能耗和高排放的特点，是碳排放量较高的领域之一，运输装备的制造和使用都会产生大量的能源消耗。随着经济的发展以及云南省综合运输大通道和综合交通枢纽建设的推进，云南省的交通运输业将迎来蓬勃发展的机遇。抓好交通运输业的节能减排工作是推进双碳目标的重要一环。从节能减排出发，云南省在大力推进交通建设的同时，应当大力发展绿色交通，加快形成绿色低碳的运输体系。首先，持续推进综合运输体系建设，构建水、陆、空立体化交通运输网，使不同交通运输方式有机衔接，推进交通数字化升级改造，提高运输效率，降低交通运输业的能源消耗。其次，大力推广和普及新能源汽车，以新能源汽车逐步替代传统燃油车，布局新能源汽车产业链绿色升级，从初始端的配件生产，到中端的整车生产制造，再到末端的运输销售，使节能减排目标始终贯穿到新能源汽车的各个环节，实现新能源汽车替代过程的绿色化。最后，倡导绿色低碳的出行方式，打造智慧交通体系，构建机动车、自行车、行人相协调的道路体系，避免交通拥堵，大力发展新能源公共交通，优化公共交通的能源利用率。

（四）建筑行业的节能减排

云南省的建筑业整体实力在"十三五"期间显著增强，全省建筑业产值年均增长 15.5%。随着云南省建筑业的快速发展，建筑行业的节能减排问题也日益突出。建筑行业的碳排放主要集中在三个环节：建筑材料的使用、建筑施工、建筑设施运行。云南省"十四五"规划指出：发展绿色建筑，鼓励使用绿色建材、新型墙体材料。支持新能源和可再生能源开发，推动能源低碳安全高效利用。绿色建筑是未来云南省建筑业的主攻方向之一，为此，云南省制定了《云南省绿色装配式建筑产业发展"十四五"规划》，指出：到2025年，力争城镇新建建筑全面执行绿色建筑标；力争城镇装配式建筑和采用装配式技术体系的建筑占新开工建筑面积比重达到30%，其中昆明市力争达到40%；促进太阳能光热建筑应用集热面积持续增长；组织实施超低能耗建筑、近零能耗建筑试点。当前云南省在绿色建筑方面面临的困难主要是建筑业的绿色化、工业化水平较低，绿色建筑发展不平衡不充分。要实现建筑行业的节能减排目标，提高建筑业的绿色化水平，在理念上，要大力发展低碳环保的绿色建筑、节能建筑，将节能环保的理念有机地融入建筑行业的各个环节，构建以绿色生产和生活方式为导向的建筑设计、生产、施工、使用理念，建设集约、高效、绿色的生产和生活空间。在路径上，要完成建筑行业全产业链的绿色系统化升级，通过科技创新大力发展绿色的建造方式和建筑材料，加快建设绿色化的基础设施，推进建筑能源系统的绿色化转型，更多地运用新能源，提高能源的利用率。在机制上，按照国家的强制性规定和《绿色建筑评价标准》的要求，构建绿色建筑工程的建设标准体系，进一步完善绿色建筑工程的行政审批制度，为发展绿色建筑提供绿色通道，强化对绿色建筑工程项目的监督管理和验收，打造信息化、智能化、便捷化的项目监督管理机制。

（五）生活方式的绿色低碳

"双碳"目标不仅深刻地影响着我国的经济社会发展，也会影响人民群众的日常生活。低碳减排不仅仅是一种发展理念，更是一种生活方式。随着双碳目标的不断推进，绿色生活将会成为一种引领时代潮流的生活方式。为了推行绿色生活方式，云南省发展改革委于2020年印发《云南省贯彻绿色生活创建行动实施方案》，围绕节约型机关、绿色家庭、绿色学校、绿色社区、绿色出行、绿色商场、绿色建筑七大重点行动领域开展绿色生活创建行动，广泛宣传简约适度的绿色生活理念，积极倡导绿色低碳的生活方式，营造全社会崇尚、践行绿色新发展理念的良好氛围，深入推动绿色发展。未来，云南省将进一步统筹经济社会发展与生态环境的保护，继续推进低碳减排的绿色生活理念，引导形成绿色生活的文化氛围，将绿色生活方式耕植于每个人的心田，为人人自觉践行绿色生活理念创有利条件，从而将绿色理念贯彻到生活的各个方面。同时，在消费理念上，云南省将逐步推进形成以低碳减排为主要内涵的绿色消费模式，使消费目的不仅仅是满足需求，也要追求对生态环境的保护。生活方式的绿色转型不仅需要人人自觉践行绿色理念，也需要每个人参与到绿色生活方式的推进进程中，在政策制定、执行监督等环节都需要社会力量的广泛参与。

三、"一带一路"倡议下的云南省绿色发展

"一带一路"（TheBeltandRoad，缩写 B&R）是"丝绸之路经济带"和"21 世纪海上丝绸之路"的简称。2013 年 9 月和 10 月，中国国家主席习近平分别提出建设"新丝绸之路经济带"和"21 世纪海上丝绸之路"的合作倡议。"一带一路"是中国提出国际区域经济合作模式，秉承"和平共处、开放合作、和谐包容、市场运作、互利共赢"的理念，推进沿线国家发展战略的相互对接，让古丝绸之路重新焕发生机。"一带一路"连接东南亚经济圈、中亚和发达国家经济圈，加深了亚欧非各国之间的联系，有利于促进沿线各国的经济繁荣和区域经济合作，有助于不同文明之间的交流互鉴，是东西方交流合作的象征，是世界各国共有的历史文化遗产。目前，共建"一带一路"已经取得了令人瞩目的成就。我国已经成功举办了两届"一带一路"国际合作高峰论坛，140 个国家和 32 个国际组织加入"一带一路"大家庭。

（一）"一带一路"是一条绿色发展之路

2021 年 4 月 20 日，习近平主席在博鳌亚洲论坛 2021 年年会开幕式上发表题为《同舟共济克时艰，命运与共创未来》的主旨演讲。习近平主席指出："加强绿色基建、绿色能源、绿色金融等领域合作，完善'一带一路'绿色发展国际联盟、'一带一路'绿色投资原则等多边合作平台，让绿色切实成为共建'一带一路'的底色。""一带一路"不仅仅是一条经济纽带，也是一条可持续发展的绿色纽带，因此，低碳、环保的发展理念是推进"一带一路"建设的出发点。地球是人类赖以生存的唯一家园，世界各国共享一个家园，在生态环境的保护方面，世界各国的前途和命运被紧密地联系在一起。地球

环境的改变和恶化影响的是地球上的每一个成员，没有人能够置身事外，独善其身。目前，全球变暖加剧，气候变化异常，世界范围内的极端天气气候事件频发，生态环境持续恶化，保护生态环境、抑制全球变暖刻不容缓。保护好人类共同的家园是各个国家和地区共同的使命，作为推动构建人民命运共同体的重要途径，"一带一路"必然肩负起生态环境保护的使命，走绿色、低碳、循环的可持续发展之路。"一带一路"搭建起来了国际合作交融的框架，在这一框架下推动生态环境保护和气候变化方面的国际合作符合人类整体利益，有助于解决各国面临的共同问题。2019年4月25日，在第二届"一带一路"国际合作高峰论坛绿色之路分论坛上，"一带一路"绿色发展国际联盟正式成立，为"一带一路"绿色发展合作打造了政策对话和沟通平台、环境知识和信息平台、绿色技术交流与转让平台。"一带一路"绿色发展国际联盟是我国和联合国环境署共同启动组建的，旨在推动以绿色建设贯通"一带一路"成为国际共识和共同行动，落实联合国2030年可持续发展议程。

（二）云南省在"一带一路"绿色发展中的机遇与挑战

《推动共建丝绸之路经济带和21世纪海上丝绸之路的愿景与行动》对云南的定位为：发挥云南区位优势，推进与周边国家的国际运输通道建设，打造大湄公河次区域经济合作新高地，建设成为面向南亚、东南亚的辐射中心。推进中国与尼泊尔等国家边境贸易和旅游文化合作。对于云南省来说，在"一带一路"倡议下推动绿色发展既是机遇，也面临挑战。首先，云南优势在区位，云南位于西南边陲，与越南、老挝、缅甸等国家接壤，是中国通往东南亚地区最近的陆上通道，是我国面向南亚东南亚和环印度洋地区开放的大通道和桥头堡，具有独特的地理优势。例如，流经云南省的湄公河干流全长4909千米，是亚洲最重要的跨国水系，是世界第九长河，东南亚第一长河，流经老挝、缅甸、泰国、柬埔寨和越南，于越南胡志明市流入南海流域，是云南省联通东南亚各国重要水上通道。其次，云南省的发展势头强劲，云南省的社会主义市场经济体制日益完善，市场主体更加充满活力，开放型经济新体制基本形成，面向南亚东南亚区域性国际经济贸易中心、科技创新中心、金融服务中心、人文交流中心作用有效发挥，国际产能合作迈上新台阶，面向南亚东南亚大通道建设取得实质性进展，综合交通、能源、数字、物流国际枢纽基本建成，对中南半岛的开放合作全面深化，中国（云南）自由贸易试验区等平台成为我省对外合作主要载体，云南在我国参与南亚东南亚多双边区域合作机制中主体省份地位全面确立。最后，云南省具有绿色资源丰富，绿色是云南省发展的一大特色，绿色能源的利用率逐步提高，跨境电网建设有序推进，绿色能源与绿色制造业产业链深度融合，绿色食品加工日益标准化、数字化。但是，云南省的绿色发展也面临诸多挑战，例如，如何强化绿色发展的国际合作，如何在国际合作中充分利用云南的绿色发展优势，如何推动云南省的绿色产业向南亚、东南亚辐射。云南省在"一带一路"的战略框架下，要充分发挥自身优势，披荆斩棘，努力将自己打造为引领南亚、东南亚绿色发展的桥头堡。

（三）云南省在"一带一路"下推进绿色发展的路径

"一带一路"国家战略的推进，给处于"一带一路"倡议要冲的云南省带来了巨大的机遇，云南省要充分挖掘自身优势，抓住国家战略机遇。未来，云南省在实现跨越式发展的过程中，应发挥好面向南亚、东南亚的辐射中心的作用，积极对接落实"一带一路"国际合作高峰论坛成果清单中涉及云南重大事项；加强与南亚东南亚和环印度洋地区以及世界各国友好交往，主动做好经济、社会、文化、环境等方面的政策对接，加强政策、规则、标准三位一体的"软联通"，发挥云南省的绿色优势，把绿色发展的理念有机地融入到"一带一路"的建设中，实现"绿色合作，绿色共享，绿色共赢"。

一是强化与南亚、东南亚国家的互联互通，全面建成面向南亚东南亚的国际枢纽。加速构建联通南亚东南亚"水""陆""空"立体交通网络；实施沿边铁路、公路贯通工程，完善延边地区的交通网络，加快打通连接南亚东南亚国家的公路、铁路国际大通道。加快推进与周边国家的电力、互联网通道的互联互通，形成外接周边国家，内连省内腹地的综合交通、能源管网、物流通道和通信设施。

二是树立生态命运共同体的意识，树立绿色发展的合作理念。云南省与东南亚国家一衣带水，处于一个共同的生态系统中，保护共同的家园是各地区与国家共同的责任和使命，因此，在推进"一带一路"建设时，应当把绿色发展的理念作为合作的共识和基础。大力推进绿色基础设施建设，在推进与南亚东南亚国家的互联互通项目建设时，既要避免对生态环境造成破坏，也要做好节能减排，实现建设和运营的低碳化和绿色化。

三是充分挖掘云南省的绿色产业优势，强化与南亚、东南亚各国的绿色产业合作，通过绿色技术交流、绿色项目联合开发、绿色融资与投资等形式推进绿色产业合作的广度与深度，科技创新是推动绿色发展的重要动力，强化绿色技术关键在于人才的培养，要搭建绿色技术人才共同培养的平台，强化绿色科技人才之间的交流学习。积极拓展跨境旅游业，逐步形成沿边地区外向型特色优势产业体系，真正将沿边地区的区位优势转化为开放优势、发展优势。努力把澜沧江开发开放经济带建设成为全省面向南亚东南亚开放合作前沿带、绿色经济发展的示范带。打好绿色生态牌，巩固提升茶、蔗糖、咖啡、橡胶等优势农产品，因地制宜发展清洁能源、生物医药、旅游文化等特色产业，建设普洱绿色经济试验示范区，把澜沧江经济带建设成为我国重要清洁能源基地、高原特色农产品生产加工基地和国际知名旅游目的地。

四是深化与南亚东南亚区域性国际生态安全合作与交流，构建生态环境保护与污染治理的国际合作机制。生态系统是一个整体，对于不同地区与国家共享的区域生态系统，应当构建起跨国跨地区的协同治理机制。对于跨区域的生态环境治理问题，只有采取一致性的行动和措施才能有效地推进生态环境的修复与治理。首先，应当构建生态环境监测数据的共享机制，及时发现水环境、空气环境的异常，做到及时识别风险，提前预防和管控。其次，构建环境协同评估机制，对于可能对其他国家的生态环境系统带来影响的项目进行环境评估时，应当协同其他国家共同参与环境评估，共享环境评估信息。再次，针对跨国生态环境违法犯罪行为，完善跨国联合执法机制，共享违法犯罪信息，共同治理危害同一生态环境系统的违法犯罪行为。

参考文献

[1] 徐红斌 . 普洱市建设国家绿色经济试验示范区探索与实践 [J]. 普洱学院学报，2017，33（01）：1-6.

[2] 周应良，杨艳飞，杨静 . 洱海流域畜禽养殖污染的调查和治理 [J]. 中国畜牧业，2017（18）：71-72.

[3] 奚圆圆，杨振花 . 论水文化与洱海治理 [J]. 云南水力发电，2021，37（01）：209-212.

[4] 高伟，翟学顺，刘永 . 流域水生态承载力演变与驱动力评估——以滇池流域为例 [J]. 环境污染与防治，2018，40（07）：830-835.

[5] 何佳，徐晓梅，杨艳，等 . 滇池水环境综合治理成效与存在问题 [J]. 湖泊科学，2015，27（02）：195-199.

[6] 刘瑞志，朱丽娜，雷坤，等 . 滇池入湖河流"十一五"综合整治效果分析 [J]. 环境污染与防治，2012，34（03）：95-100.

[7] 曾思育，曾亚妮，董欣，等 . 滇池流域水污染防治"十二五"规划实施效果后评估 [J]. 环境影响评价，2018，40（04）：34-38.

[8] 佟贺丰，杨阳，王静宜，封颖 . 中国绿色经济发展展望——基于系统动力学模型的情景分析 [J]. 中国软科学，2015（06）：20-34.

[9] 黄志斌，姚灿，王新 . 绿色发展理论基本概念及其相互关系辨析 [J]. 自然辩证法研究，2015，31（08）：108-113.

[10] 秦书生，杨硕 . 习近平的绿色发展思想探析 [J]. 理论学刊，2015（06）：4-11.

[11] 李佐军 . 中国绿色转型发展报告 [M]. 北京：中共中央党校出报社，2012.

[12] 南平，向仁康 . 中国经济绿色发展的若干问题 [J]. 当代经济研究，2013（02）：50-54.